Afforestation in Beijing Plain Area
Strategies, practices and assessments

·联合资助·

林业公益性行业科研专项经费项目
"美丽城镇森林景观的构建技术研究
与示范（2014040301）"

北京市园林绿化局
"北京平原地区绿化问题研究"

北京市园林绿化局
"北京市平原造林综合效应评估研究"

北京平原森林建设
对策研究与实践成效

王 成　蔡宝军　等 著

中国林业出版社
·北 京·

图书在版编目 (CIP) 数据

北京平原森林建设对策研究与实践成效 / 王成等著 .-- 北京：中国林业出版社，2021.1
ISBN 978-7-5219-0807-7

Ⅰ.①北… Ⅱ.①王… Ⅲ.①城市林 - 建设 - 研究 - 北京 Ⅳ.①S731.2

中国版本图书馆 CIP 数据核字 (2020) 第 179311 号

出版发行

中国林业出版社有限公司
(100009 北京西城区刘海胡同 7 号)
http://www.forestry.gov.cn/lycb.html
E-mail:36132881@qq.com
电话: (010)83143545

印刷装订

北京中科印刷有限公司

版　次

2021 年 1 月第 1 版

印　次

2021 年 1 月第 1 次

开　本

787mm×1092mm　　1/16

字　数

334 千字

印　张

14.5

定　价

130.00 元

编写组

《北京平原森林建设对策研究与实践成效》

顾 问

邓乃平

著 者

王 成	蔡宝军	王 军	贾宝全	邱尔发
郄光发	刘军朝	王金增	李 洪	古 琳
孙睿霖	张 旸	张 昶	金佳莉	裴男才
姜莎莎	袁士保	张 喆	杜万光	王晓磊
马 远				

图 片

北京市园林绿化局

前　言

北京地处中国华北平原北部，毗邻渤海湾，东与天津毗连，其余均与河北相邻。地势西北高、东南低。西部、北部和东北部三面环山，东南部是一片缓缓向渤海倾斜的平原。北京全市总面积16410.54平方千米，其中平原面积约占38%，全市大部分人口分布于此。平原地区是首都重要的城市功能拓展区，是提升北京经济总量、疏解中心城市人口的重要承载区，也是北京面向京津冀、辐射环渤海区域的对外窗口和发展前沿。为改善首都生态环境，保障首都生态安全，推动首都生态文明建设，建立国际一流的和谐宜居之都，2012年北京市委、市政府启动了百万亩平原地区造林工程。这是一项影响深远的大手笔城市生态建设工程，无论对北京未来的可持续发展，还是对全国城镇化过程中发展观念、发展方式的转变都具有方向性的引导意义。

党的十八大将生态文明与政治、经济、文化、社会四种文明的建设并列，以"五位一体"的总体布局高度，把生态文明建设放在了突出地位，提出"努力建设美丽中国，实现中华民族永续发展"的宏伟目标。2012年4月3日，胡锦涛总书记在北京参加义务植树活动时指出，北京要真正成为首善之区，必须在绿化美化工作中走在前面。2014年2月和2017年2月，习近平总书记两次视察北京并发表重要讲话，为新时期首都发展指明了方向。习近平总书记指出，推动京津冀协同发展，要着力扩大环境容量生态空间，环境容量的基础是生态空间。华北地区缺水问题严重，重视保护好涵养水源的森林、湖泊、湿地等生态空间。要加强生态环境保护合作，在防护林建设、水资源保护、水环境治理等领域完善合作机制。从生态系统整体性着眼，可考虑加大河北特别是京津保中心区过渡带地区退耕还林力度，成片建设森林，恢复湿地，提高这一区域可持续发展能力；要把河北张承地区定位于"京津冀水源涵养功能区"，同步考虑解决京津周边贫困问题。

因此，北京平原绿化建设要在前期建设成绩的基础上，既要注重当前任务的落实，强化薄弱环节的建设，又要有长远的战略眼光，谋划北京未来发展的理想蓝图，把生态基础设施打牢做实；既要全面继承北京长期以来积累的成功经验，做出北京平原景观和文化特色，又要充分吸收国际城市发展与生态建设的先进做法，向世界城市的标准看齐；既要坚持成功的政策、机制，保障政策的连续性和权威性，又要结合新问题、新情况创新政策、体制、机制，为平原绿化乃至全市生态建设任务的落实和建设成果的巩固提供政策保障；既要坚持绿化建设生态优先的总体原则，注重提高森林、湿地以及公园绿地的生态功能，又要针对城市特点提高科普性和文化引领作用，为文明城市建设做贡献。让森林与城市交相辉映，为未来的北京留下生态历史遗产！

2012年，北京市园林绿化局与中国林业科学研究院、国家林业局城市森林研究中心开展了北京平原绿化建设研究，主要针对北京市环境经济社会发展中以森林和树木为主的平原绿化建设问题开展研究，在分析北京平原区本底特征的基础上，借鉴国内外城市森林、城市园林建设的典型经验，以建立服务北京城市发展和市民多种需求的平原绿化体系为目标，明确提出北京平原绿化建设的总体目标、空间布局、建设对策和保障措施，为北京百万亩平原造林工程这一重大战略的实施提供了支撑。2015年，结合中国林业科学研究院林业研究所承担的林业公益性行业科研专项经费项目"美丽城镇森林景观的构建技术研究与示范（2014040301）"，双方又合作开展了北京市平原造林工程成效综合评价研究。主要以平原地区2012—2015年造林资料为基础，分析了2009年、2015年平原区森林资源的变化情况，并面向北京市民收集了近6000份社会测评样本，重点对温榆河、永定河沿岸森林以及东郊森林公园、台湖湿地、中关村森林公园等40余处造林地点进行深入调查，从平原造林与生态承载力、平原造林与非首都功能疏解、平原造林与宜居环境改善、平原造林与水资源调控、平原造林与生态意识建设、平原造林与京津冀协同发展、平原造林效益评估等7方面，对北京平原造林工程进行了定量与定性相结合、现实成效与潜在价值相结合的综合评价。在此基础上，针对北京平原森林建设存在的问题和未来需求，提出了具体的对策和建议，为新一轮百万亩造林工程的启动和北京建设国家森林城市奠定了基础。

本书为上述三个项目研究成果的汇总，共分上、下两篇。上篇为北京平原森林建设对策研究，为北京平原森林建设项目的启动提供了战略规划支撑；下篇为北京平原造林工程成效综合评估，是对平原森林建设战略实施的重点项目落地成效进行的具体评估。

在项目研究过程中，北京市园林绿化局调研室、平原办、造林处、林业站等部门给予了大力支持，各区园林绿化局和绿委办在数据收集和外业调查中提供了帮助，北京市园林绿化局提供了书中造林现场图片，在此一并感谢！

王 成
2018年12月于北京

目 录

前 言

■ 上 篇
北京平原森林建设对策研究

第一章 北京平原造林绿化建设的意义 /1
 一、是增加城近郊区森林资源，夯实美丽北京环境基础的战略举措 /2
 二、是改善城近郊区空气质量，减轻PM2.5等大气污染的现实需求 /3
 三、是扩大身边生态福利空间，缓解北部旅游交通压力的有效办法 /3
 四、是实现农民绿岗就业增收，保障城乡社会和谐发展的重要手段 /3
 五、是发挥林木净化水土功能，促进平原水土环境改善的现实选择 /4
 六、是呵护城乡居民身心健康，提高居民生活幸福指数的有效途径 /4

第二章 北京平原造林绿化建设的成就与经验 /5
 一、北京平原区绿化现状分析 /5
 二、北京"十一五"期间平原造林绿化的成就 /21
 三、北京平原造林绿化建设的经验 /25

第三章 北京平原造林绿化建设的问题与潜力 /27
 一、平原地区森林资源的结构问题 /27
 二、平原造林绿化的政策机制问题 /28
 三、平原造林绿化的潜力 /34

第四章 国内外平原森林建设的经验与启示 /47
 一、案例分析 /47
 二、差距分析 /59

第五章 北京平原森林建设的总体策略 /61
 一、建设理念 /61
 二、建设思路 /62
 三、建设原则 /65
 四、建设布局 /66
 五、关键环节 /69

第六章　北京平原森林建设的重点项目 /72

一、生态功能片林建设 /72

二、生态游憩空间建设 /73

三、休闲绿道网络建设 /76

四、美丽村镇森林景观建设 /76

五、道路森林景观廊道建设 /78

六、河流水系岸带森林景观建设 /79

七、城市生态文化载体建设 /81

八、社区森林景观功能提升建设 /81

第七章　北京平原森林建设的政策建议 /83

一、把绿化作为一项民生事业，保障生态建设规划用地供给 /83

二、统筹补偿标准，建立以财政为主的多元投入动态增长机制 /84

三、完善绿化规划和树种规划，提升平原绿化游憩化服务水平 /84

四、简化平原造林绿化工程审批程序，规范工程管理 /84

五、加强"三防"建设，强化平原森林管护力量和管护设施 /85

六、建立平原绿化专职管理机构和专业养护机构，规范管护机制 /85

七、推进失地农民绿岗就业，促进绿色增收产业生态富民 /86

八、加强平原造林绿化宣传，营造全社会参与的良好氛围 /86

下　篇
北京平原造林工程成效综合评估

第八章　平原造林与生态承载力增加 /90

一、增加生态资源数量 /90

二、优化森林分布格局 /98

三、提高生物多样性 /110

第九章　平原造林与非首都功能疏解 /117

一、促进低端产业退出 /117

二、加快外来人口疏解 /120

三、落实城市总体规划 /122

四、带动绿色产业发展 /123

第十章　平原造林与宜居环境改善 /127

一、改善空气质量 /127

二、消减城市热岛 /131

三、满足居民需求 / 139

四、提升森林美景 / 144

五、修复生态景观 / 150

第十一章 平原造林与水资源调控 / 154

一、增加水源涵养 / 154

二、促进水质净化 / 156

三、增强雨洪调控 / 158

第十二章 平原造林与生态意识提升 / 161

一、提高生态文明意识 / 162

二、引导生态文明行为 / 163

三、普及生态文明理念 / 168

第十三章 平原造林与京津冀协同发展 / 170

一、区域生态格局 / 171

二、区域生态承载力 / 172

三、跨区污染阻隔 / 173

四、区域生态廊道 / 174

五、区域水资源调控 / 177

第十四章 平原造林生态服务价值与居民满意度 / 179

一、服务价值评估 / 179

二、投入产出评价 / 185

三、居民满意度评价 / 186

四、评估结果 / 196

第十五章 北京平原造林成效综合评估结果 / 198

一、总体评估结果 / 199

二、具体评估结果 / 202

第十六章 北京平原森林建设的问题与建议 / 212

参考文献 / 217

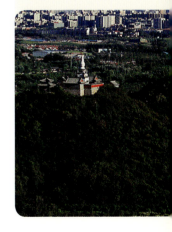

- 第一章
  北京平原造林绿化建设的意义

- 第二章
  北京平原造林绿化建设的成就与经验

- 第三章
  北京平原造林绿化建设的问题与潜力

- 第四章
  国内外平原森林建设的经验与启示

- 第五章
  北京平原森林建设的总体策略

- 第六章
  北京平原森林建设的重点项目

- 第七章
  北京平原森林建设的政策建议

北京平原森林建设对策研究

上篇

第一章
北京平原造林绿化建设的意义

北京市平原地区城市化程度高，居民分布集中，而环境问题也相对突出。在2010年以前，北京市平原地区森林覆盖率仅为14.85%，与城市对可持续发展和居民对美好生态环境期望存在很大差距。开展平原造林绿化建设，对进一步增加森林资源总量，优化生态系统格局，改善人口密集区的生态环境质量具有重要意义，是北京建设国际一流和谐宜居之都的基础性战略工程。

一、是增加城近郊区森林资源，夯实美丽北京环境基础的战略举措

良好的生态环境既是发展先进生产力的重要条件，也是吸引国际高端要素聚集的重要基础，当今世界各国之间的竞争已越来越表现为良好生态环境的竞争。城市森林作为城市环境体系的基本要素，是维护公众健康和优化城市环境的重要载体，发挥着改善生态环境、美化景观环境、优化居住环境、丰富人文环境、提升投资环境、增加城市碳储备的显著作用。经过半个多世纪的不懈努力，北京的森林覆盖率已由新中国成立之初的3%增加到2011年的37%，人均公园绿地和城市绿化覆盖率也基本接近国际公认的四大世界城市的建设水平。但北京平原地区森林面积仅为14.41万公顷，占全市森林面积65.89万公顷的21.87%。平原地区森林覆盖率仅为14.85%，大大低于全市森林覆盖率37.6%的平均水平，与拥有大面积近郊森林的华盛顿、伦敦、巴黎、东京等世界城市相比，北京平原区森林资源严重不足，平原造林绿化工程的实施将彻底改变这一弱项，进一步扩大北京城市环境容量，夯实美丽北京建设的生态环境基础。

二、是改善城近郊区空气质量，减轻 PM2.5 等大气污染的现实需求

大气污染是北京一个突出的环境问题，其中以PM2.5问题、城市热岛效应最为引人关注。长期以来北京的大气污染、热岛主要分布在平原地区，而且随着主城区和新城、重点镇建设的不断延伸，城市大气污染和热岛效应在平原区呈现扩大趋势，由此而衍生出雾霾天气、阴霾天气、增加能耗等环境负效应，直接影响城近郊区空气质量。缓解大气污染、城市热岛，除了减少污染源以外，还需要在大气污染、城市热岛集中的平原区合理布局森林，大规模造林增绿，形成近郊区森林生态屏障，发挥森林的隔离、净化功能，控制城市的无序扩张，阻断北京外来污染和本地污染大气传输路径，直接为城市提供清新空气。据美国的一项研究，近郊城市森林为居民提供了就近休闲场所，减少了人们开车到远郊游玩的机会，按每加仑汽油1.25美元计算，如果每人每年节约1加仑汽油，整个美国全年将可以节省3亿美元的燃料消耗。因此，北京平原区造林绿化建设，在一定意义上将决定着整个城市生态建设的成功与否，必须要考虑城市发展的现实生态问题和潜在的生态影响与需求。

三、是扩大身边生态福利空间，缓解北部旅游交通压力的有效办法

城市森林通过为都市人提供绿色休闲娱乐环境而具有重要的休闲游憩价值。周末和节假日到森林里休闲游憩已经成为北京居民的一种时尚和趋势。至2011年年底，北京市的森林游憩资源主要集中在西北部山区，分布过于集中，每逢节假日，西北部地区人满为患，森林游憩资源不堪重负，影响了居民的假日游憩质量，也造成严重的道路交通拥堵，这已经成为北京交通的一个常态特征。在许多发达城市，为了满足居民健身游憩需要，除了划定城市附近大量的森林、湿地资源建立森林公园、湿地公园和城市郊野公园以外，还规划建设了短、中、长程的多样化的森林游憩步道，市民可以更方便地就地就近休闲游憩。因此，通过平原造林绿化形成的大面积绿色空间，可同时满足500多万市民就地休闲的需求，使平原区居民通过步行、骑车更加便捷地享受森林环境，减缓由于周末和节假日旅游造成的交通拥堵问题，以及由此而造成的空气污染。

四、是实现农民绿岗就业增收，保障城乡社会和谐发展的重要手段

从世界城市郊区的土地利用模式来看，森林为主体的土地利用格局是必然的趋势。北京平原区的特殊区位决定了该地区今后的发展主要是服务于城市化，其土地利用模式和产业发展方向都要顺应这种趋势。平原造林绿化建设通过吸纳农民参加造林绿化和公园林地的养护管理，可直接解决农民就业10万人以上，并通过土地流转和生态补偿，带动林下经济、森林旅游、生态文化等绿色产业的发展，促进农村经济发展和农民就业增收，这对于缩小城乡贫

富差距是极为有利的。同时，平原造林绿化建设也将促进乡村环境的大改善，乡村景观的大变样。从而实现北京城乡景观的总体协调，城乡经济的相互促进，社会发展的和谐稳定。

五、是发挥林木净化水土功能，促进平原水土环境改善的现实选择

在欧美许多发达国家，城市化地区森林资源的主导功能之一就是提供清洁水源，包括利用城市中水资源灌溉林地来实现水体的再净化，减轻对下游地区水环境的影响。在北京，相对于山区土地来说，平原区由于高度城市化，工业、交通、居民生产生活等带来的污染长期累积，使平原区土壤、水体污染问题相对突出，有些地区的土地已经不适合做生产食品类的农林产品用地，而大量的中水资源又亟待科学利用。森林净化水土的能力巨大，污染物在树木体内得到有效降解和长期留存，是持续时间长、安全性好的生物治污途径。北京的平原区特别是京东南平原区是北京河流的下游，承担着排污、净污的功能，需要发挥森林湿地的净水功能，使受污染的土地得到逐步修复，也为今后的食品安全和供给提供了土地储备和调整空间。同时，利用中水灌溉林地，有利于调整用水结构，解决生态用水问题，缓解水资源紧张局面。

六、是呵护城乡居民身心健康，提高居民生活幸福指数的有效途径

森林像保健品一样，长期促进居民的身体和心理健康。健康长寿是千百年来人类永恒的梦想，随着人们温饱问题的解决，健康长寿越来越受到重视。人的健康长寿，遗传只占到20%左右，最主要的是食物、水和空气的质量。城市森林不仅具有净化水质和改善空气质量的功能，而且可以释放大量的负氧离子。负氧离子能调节人体的生理机能，改善呼吸和血液循环，减缓人体器官衰竭，对多种疾病有辅助治疗作用。研究表明，长期生活在城市环境中的人，在森林自然保护区生活1周后，其神经系统、呼吸系统、心血管系统功能都有明显的改善作用，机体非特异免疫能力有所提高，抗病能力增强。在人的视野中，绿色达到25%时，就能消除眼睛和心理的疲劳，使人的精神和心理最舒适。城市森林不仅从质量和数量上改变了城市冰冷的钢筋水泥外貌，而且舒缓了人们在紧张工作和生活快节奏中形成的疲劳情绪，并承载和传播了森林、湿地等各种生态文化，对人们的审美意识、道德情操起到了潜移默化的作用，促进了首都生态文明建设。

第二章
北京平原造林绿化建设的成就与经验

北京是我国改革开放以来高速城市化建设及城市用地扩张的典型城市。2001年，北京市建成区面积仅有700多平方千米，2010年已达近1400平方千米，10年间翻了一番。平原地区是首都经济发展的带动区域，北京经济技术开发区、顺义空港区、首都第二机场、海淀山后北部新区等众多重点发展区域以及通州、顺义等重点发展新城都位于平原地区。由于受到北京市中心城区辐射作用、新城聚集和京津冀都市圈的巨大推动作用，平原地区形成城市人口和产业的重点聚集区，近20年来平原地区"摊大饼"式的城市扩张极为迅速。

一、北京平原区绿化现状分析

（一）平原地区基本概况

1. 地理位置

北京市地处华北平原西北隅，位于东经115°25′～117°32′，北纬39°28′～41°05′，毗邻渤海湾，北靠辽东半岛，南临山东半岛，与河北、天津接壤，处于中国经济发展较快并且最具发展潜力的环渤海都市圈的中心。北京市东西宽160千米，南北长176千米，市域面积16410平方千米，其中平原面积6338平方千米，占全市面积的38.6%（图2-1）。平原地区大部分区域集中在市域东南部，共涉及14个区，其中包括顺义、通州、大兴全区，以及房山、昌平、怀柔、平谷、门头沟、延庆、密云、朝阳、丰台、海淀和石景山等11个区的平原地区。平原地区是首都重要的城市功能拓展区，是提升北京经济总量、疏解城市人口的重要承载区，也是北京面向京津冀、辐射环渤海区域的对外窗口和发展前沿。

2. 地形地貌

北京地处华北平原向西北黄土高原、内蒙古高原的过渡地带，地势西北高、东南低。市域西部是太行山余脉的西山，由一系列东北—西南的平行山

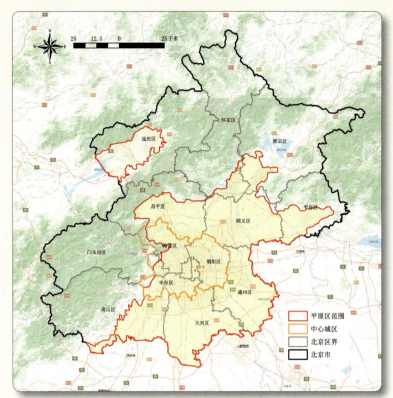

图 2-1 北京市平原地区范围

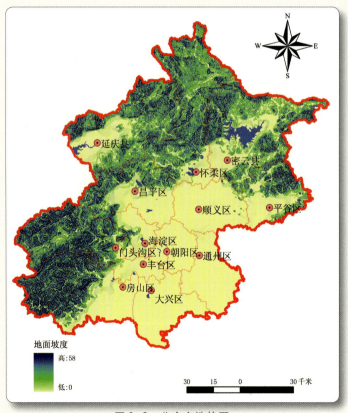

图 2-2 北京市地势图

脉组成，北部是燕山山脉的军都山，两山在南口关沟相交，形成一个向东南展开的半圆形大山弯，人们称之为"北京弯"，它所围绕的小平原即为北京小平原。北京市域东南部缓缓向渤海倾斜，海拔高度从西北部的2000多米下降至东南部的10米左右。平原地区的海拔高度在20～60米，平均海拔44米（图2-2）。

3. 气　候

北京市属于典型的暖温带半湿润大陆性季风气候，四季分明，夏季炎热多雨，冬季寒冷干燥，春、秋短促。年平均气温10～12℃，1月平均气温－7～－4℃，7月平均气温26～27℃，极端最低温－27.4℃，极端最高温42.6℃。由于地貌的差异，山地和平原年平均气温不一。平原地区年平均气温为11.5℃，浅山区至西北部山区年平均气温逐渐从10℃降到8.0℃。受地形和大陆季风的影响，北京市降水量时空分布不均，降水量年际变化大，季节分配很不均匀，全年降水的75%集中在夏季。

4. 水　文

北京市有河道425条，总长约6400千米；湖泊41个，常年有水面面积6.84平方千米；水库88座。境内有永定河、潮白河、北运河、蓟运河和大清河五大水系，均属海河水系，总长2700千米。其中，北运河水系发源于北京市，其余四个水系为发源于河北省或山西省的过境河流，绝大部分河流由西北向东南，在天津注入渤海；潮白河、温榆河、永定河、大石河等较大河流流经平原区。由于主要河流上游众多水库蓄水截流，多年持续干旱，平原和下游河道干涸，地下水位下降，坑塘等湿地退化。

5. 土　壤

北京的土壤属于褐色土地带。由于受地带性和垂直带性因素及地貌和水热条件的影响，北京市土壤从山地到平原分布具有明显规律性。平原区的土壤类型主要是褐土、草甸褐土、潮土，其中草甸褐土肥力较高，适合农田种植；褐土相对土层和肥力较薄，适合种植灌木及小乔木；平原区潮土所占比例较高，因地下水位较高区域的潮土有机质含量相对较低，长期集约化耕作的影响下低碳酸钙潮土存在pH值急剧下降的风险。

6. 植　被

北京的地带性植被类型为暖温带落叶阔叶林。由于境内地形复杂，生态环境多样化，因而植被种类组成丰富，区系成分比较复杂、类型多样，次生植物群落占优势，山地植被具有明显的垂直分布。由于北京的开发历史悠久，生产活动频繁，对植物的结构和分布有着巨大的影响。大部分平原地区已成为农田和城镇，只在河岸两旁局部洼地发育着以芦苇、香蒲、慈菇等为主的湿生植被，但多数洼地已被开辟为鱼塘；在撂荒地、田埂及路旁多杂草；湖泊、水塘中分布有沉水、浮水、挺水的水生植被。北京地区人工栽植的树种主要有油松、侧柏、华山松、刺槐、杨、柳、国槐、椿树、栾树、黄栌、火炬树、元宝枫、银杏、法国梧桐等。

7. 森林资源

据2009年北京市第七次园林绿化资源普查结果，全市森林面积65.89万公顷（988.35万

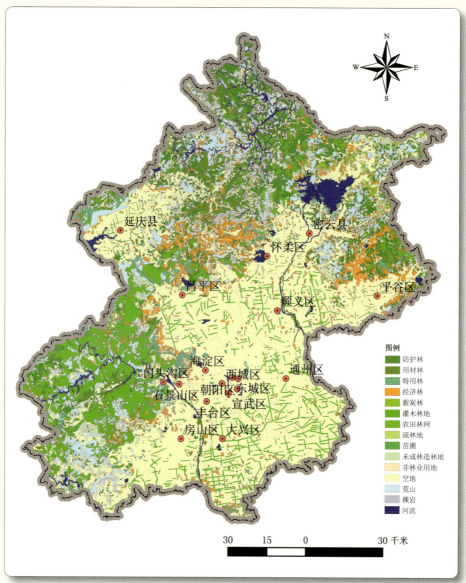

图 2-3 2005 年北京市森林资源分布图

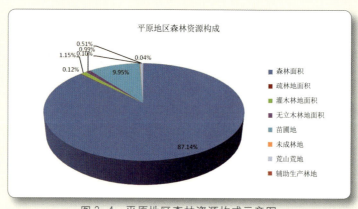

图 2-4 平原地区森林资源构成示意图

亩），全市森林覆盖率37%。其中平原地区森林面积14.41万公顷（216.15万亩），森林覆盖率14.85%（图2-3）。此外，平原地区疏林地面积192.16公顷，灌木林地1896.77公顷，无立木林地1640.05公顷，苗圃地16453.86公顷，未成林地158.13公顷，荒滩地850.05公顷，辅助生产林地67.99公顷（图2-4）。

（二）平原造林绿化工程实施情况

1. 三北防护林

北京市从1982年开始列入国家三北防护林体系建设工程范围，建设范围主要包括大兴、通州、顺义、朝阳四个区。第一阶段（1982—2000年）共计完成造林绿化任务60.32万公顷，其中人工造林完成30.13万公顷，飞播造林完成8.47万公顷，封山育林完成21.72万公顷。第二阶段四期工程（2001—2010年），截至2007年年底，共完成人工造林绿化3.36万公顷，封山（沙）育林3.92万公顷，使三北地区的森林覆盖率由5.05%提高到14.95%，风沙危害和水土流失得到有效控制，生态环境和人民群众的生产生活条件从根本上得到改善。

2. 第一道绿化隔离地区绿化

为彻底改变首都绿化隔离地区城乡结合部"脏、乱、差"的状况，促进该地区经济发展，2000年市委、市政府作出了加快绿化隔离地区建设的决定，明确提出"要用三至四年的时间全面完成城市隔离地区绿化建设"，实现"绿化达标、环境优美、秩序良好、经济繁荣、农民致富"的目标。工程规划绿化面积125平方千米（18.75万亩），主要采取旧村拆迁、新村改造、绿地建设等实现绿化建设。该工程涉及朝阳、海淀、丰台、石景山、大兴、昌平等六个区的26个乡镇和3个农场，总人口88.5万人，其中农业人口48万人。经过四年的努力，全市完成绿化隔离地区绿化面积11.1万亩，拆除各类建筑物660万平方米，腾出绿地2万多亩，建成了一大批不同特色的精品工程，形成了七个万亩以上基本连接的绿色斑块（图2-5）。2007年，北京市启动实施了第一道绿化隔离地区郊野公园建设项目，五年内新建郊野公园52个，总面积4.91万亩。至2011年年底，该工程已完成15万亩面积，所涉及的6区县中（图2-6），朝阳区的实施面积最大，远高于其他区县的建设面积。

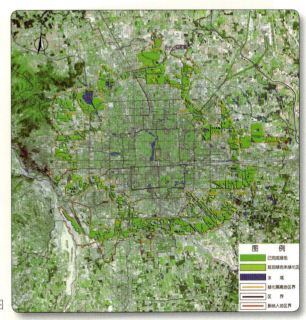

图2-5　2003年第一道绿化隔离地区绿化现状图

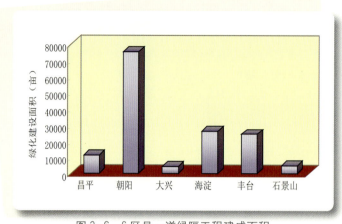

图 2-6　6 区县一道绿隔工程建成面积

3. 第二道绿化隔离地区绿化

第二道绿化隔离地区是指第一道绿化隔离地区及边缘集团外界至六环路外侧 1000 米以内的区域，涉及朝阳、海淀、丰台、石景山、门头沟、房山、通州、顺义、大兴、昌平等 10 个区的 49 个乡镇和 10 个农场，规划面积 1650 平方千米（图 2-7）。该工程以"绿化达标、生态良好、产业优化、经济繁荣、农民增收，把第二道绿化隔离地区建设成全市的重要生态区、绿色产业区和旅游休闲区"为目标，以营建景观生态林、一般生态林为主，同时大力发展以果树、速丰林、苗圃为主的经济林。

建设项目自 2003 年启动以来，实现新增绿化面积 24.56 万亩，包括生态林 20.1 万亩，经济林 4.46 万亩，规划范围内林木覆盖率提高了 8.4 个百分点，达到 33.4%。由图 2-8 可见，工程涉及的 10 个区县中，以丰台区的建设面积最大，其次是通州区；昌平区和石景山区的建设面积较小，不足 1 万亩。至 2011 年年底，第二道绿化隔离地区已经形成了以河路为主体的绿色走廊和生态景观带 65 条，1000 亩以上生态林 26 处，乡村休闲公园绿地 23 处，基本形成了环绕城市的绿色生态景观带。工程的实施，大幅度提升了该区域林木覆盖率，改善了城市生态环境，同时使当地农民增收致富，促进了区域经济社会发展。

4. 重点绿色通道绿化

2001—2004 年，北京市政府实施了"五河十路"绿色通道建设工程，对永定河、潮白河、大沙河、温榆河、北运河五条河流，以及京石路、京开路、京津塘路、京沈路、顺平路、京承路、京张路、六环路和京九、大秦两条铁路进行绿化，涉及全市 13 个区县，170 多个乡镇。工程建设坚持"生态优先、产业优化、环境优美、高质高效，以建设高标准的林业生态体系、高效益的林业产业体系"为目标，与防沙治沙、调整农业种植结构和发展速生丰产林为主的绿色产业相结合，在"五河十路"的两侧建成了 20～50 米宽的永久性绿化带，外侧建成 200 米宽的经济产业带，完成绿化总长 1035.54 千米，造林面积 38.5 万亩，其中永久性绿化带面积 12.2 万亩。

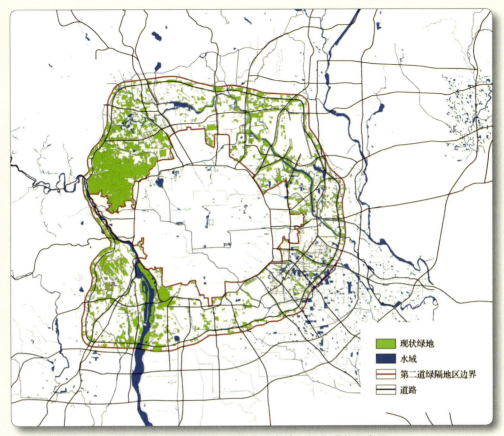

图 2-7 2003 年第二道绿化隔离地区绿化现状示意图

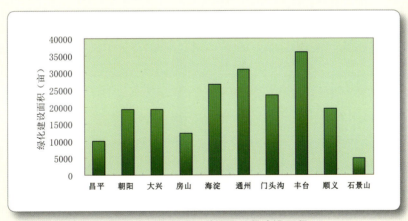

图 2-8 10 区县二道绿隔工程建设面积

2007 年开始，市政府相继实施了对机场北线、京承路二期三期、京津高速第二通道、京津城际铁路、机场南线等新建的 11 条高速公路、铁路两侧的绿化（图 2-9）。截至 2010 年年底，全市绿色通道工程建设总面积达 47.95 万亩，实现绿化总长 1524 千米。由图 2-10 可知，工程涉及的 13 个区县中，通州区的建设面积最大，远高于其他区县的建设面积，这与通州位

图 2-9 京承高速周边绿化（何建勇摄）

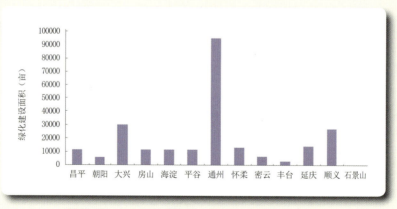

图 2-10 各个区县重点绿色通道绿化工程建成面积

于北京平原东南部水网和交通密集区有关。另外，大兴、顺义、延庆、怀柔、昌平和海淀等区县的绿色通道建设面积都在万亩以上。2011年，全市已形成了具有较高标准的平原绿网基础，对改善首都生态环境、促进城市建设和经济社会发展、提升首都窗口形象具有重要的意义。

5. 平原治沙

平原治沙工程是治理首都沙尘源的一项综合防沙治沙工程，从 2006 年开始到 2010 年结束，涉及大兴、通州、顺义、朝阳、海淀、丰台、房山、延庆、昌平、密云和平谷等 11 个区县的平原地区（图 2-11），主要是对荒滩、沙坑、零星沙地、残次林、低质低效沙地果园采取灌草覆盖、沙坑治理、残次林改造、高效生态园建设、治沙示范区建设等措施全面治理。工程建设规模为 24.11 万亩，包括：灌草覆盖 56250 亩；沙坑治理 29210 亩；残次林改造 87780 亩；高效生态园建设 42133.5 亩；治沙示范区建设 10 处，面积 25660 亩。该工程的实施使北京市抗风蚀沙化能力明显增强，平原地区生态环境质量显著提高。通过因地制宜发展经济林、旅游休闲等绿色产业，使生态环境建设与产业开发有机结合，增加了农民收入，促进了地方经济发展。

图 2-11 北京市风沙危害区示意图

6. 新城滨河森林公园

2009 年，北京市启动 11 个新城滨河森林公园建设工程，涉及通州、顺义、大兴、昌平、怀柔、平谷、门头沟、房山、密云、延庆、亦庄 11 个新城和经济技术开发区，总面积达 10.2 万亩。新城滨河森林公园秉承"以绿为体、以水为魂、林水相依"的主题，靠近新城，依水而建，将水系治理与绿化建设和游憩服务设施结合起来，为人们提供具有一定规模的游览、度假、休憩、保健疗养、科学教育、文化娱乐的场所，同时也推动新城在较高起点上健康有序发展，提高新城生态环境质量和品质，完善全市生态系统结构。截至 2012 年 5 月，全市 11 个新城滨河森林公园已完成建设面积约 5300 余公顷，总进度为 80%；通州、大兴、延庆、房山、平谷、密云、门头沟等区县的 7 处滨河森林公园已全部建成开园，其他新城滨河森林公园在 2013 年前陆续开放。由图 2-12 看出，滨河森林公园建设面积最大的是延庆县，达到 1.54 万亩；另外，建设面积达到万亩以上的还有昌平、通州和平谷等区县；石景山区的建设面积最小，仅 200 多亩。

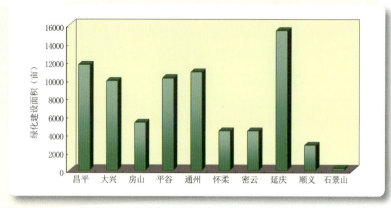

图 2-12　10 个区县新城滨河森林公园建成面积

7. 公路河道绿化

北京市公路河道绿化作为市政府确定的重点工程，坚持以改善城乡生态环境，推进新农村建设，构建首都良好的生态景观为指导，主要涉及延庆、门头沟、大兴、通州、平谷、密云、房山、顺义、怀柔、昌平、丰台等 11 个区县。工程建设根据各区县区位特点及立地条件，以乡土树种为主，形成树种多样、景观优美、色彩浑厚、完善统一的绿色廊道体系作为建设目标，从生态旅游、民俗旅游、休闲旅游等旅游经济建设出发，创建以乔灌花草相结合的休闲游憩型林木绿地。规划到"十二五"末，全市累计实施公路河道绿化约 4000 千米。

8. 平原百万亩造林

2012 年，北京市启动了大规模的平原百万亩造林工程。建设范围以第二道绿化隔离地区为主体，以大兴、通州、顺义、昌平、房山 5 个区为重点，在涉及的 14 个区县新城周边、重要生态敏感地区、重要道路河流两侧、重要水源保护地、不宜耕作地等地区实施 100 万亩森林建设。该工程通过加大存量建设用地整治力度、调整第二道绿化隔离地区种植结构、加密加宽农田林网和道路与河流两侧林带等措施，构建"两环、三带、九楔、多廊"的绿色空间格局。截至 2013 年 5 月，全市已完成平原造林 58 万余亩，一年半造林面积超过规划目标的 50%，在建设规模、造林速度、质量水平、景观效果等方面均创造了北京平原造林历史的新高，为继续实施百万亩平原造林工程奠定了坚实基础，积累了丰富经验。

（三）前期绿化建设政策制度

1. 相关政策法规

北京平原地区各项绿化政策的制定和出台，是适应各阶段绿化发展形势，满足绿化发展需求，推进平原地区绿化和经济发展的有力措施。随着经济社会的快速发展和平原造林绿化的持续推进，相关新政策不断推出。

1）北京市制定的政策

平原地区各项绿化工程的实施所依据的政策法规主要包括：

《生态公益林建设技术规程》（国家标准）

《园林绿化工程施工及验收规范》
《北京市公园条例》
《北京市城市绿化条例》
《北京市森林资源保护管理条例》
《北京市古树名木保护管理条例》
《关于北京市城市绿地植物种植的若干意见》
《北京市绿化补偿费缴纳办法》
《北京市建设工程绿化用地面积比例实施办法》
《北京平原地区造林工程技术指导意见（试行）》
《关于2012年实施平原地区20万亩造林工程的意见》
《关于印发2012年度"进一步完善政策推进绿化隔离地区建设"议案推进工作方案的通知》

2）地方区县制定的政策

各区县也结合自身特点，出台了一系列相关政策、规章和地方标准等，以保证建设顺利推进，巩固绿化成果。

海淀区：于2005年出台集体生态林补偿机制政策，将全区生态林地纳入政策统一管理。

大兴区：为了加强森林资源管理，在2006年首次运用听证会的方式，制定并施行了"大兴区林业局采伐（移植）林木联席会议审批制度"，应用于林木采伐、移植、征占用林地行政许可事项的审批。

昌平区：制定了《昌平区平原地区造林工程实施方案》《昌平区平原造林绿化工程拆迁及土地租赁实施方案》《昌平区关于加强平原地区造林工程建设监督工作的意见》；成立了工程建设监督工作领导小组，实行造林工程建设和监督工作的"一岗双责"责任主体；在拆迁腾退的特殊造林地块上采取超常措施"一条龙推进法"，通过"拆迁、整地、客土、挖坑、栽植"的造林模式强力推进，取得显著效果。

通州区：制定了《通州区关于实施"平原地区造林工程"建设的意见》；为了加强工程资金管理，区造林办印发了《北京市通州区平原地区造林工程专项资金管理暂行办法》和《北京市通州区"平原地区造林工程"建设基建会计核算暂行办法》，建立了造林工程专项资金管理流程。

密云县：制定了《密云县2012年平原地区造林建设方案》《密云县2012年平原地区造林工程项目实施方案》《密云县2012年平原地区造林工程施工设计方案》。

朝阳区：制定了《朝阳区2012年度万亩造林工程项目管理制度》。

延庆县：在2012年的平原造林工程带动下，为统一标准、统一政策，制定了《延庆县生态林建设土地流转实施办法（试行）》。

总体来看，2012年以前北京相关部门呈现出绿化政策较多、标准不统一的特点。

2. 建设资金配套投入标准

(1) 建设资金配套情况。北京平原造林绿化各项工程的实施，均按照国家工程建设管理要求，绿化造林工程实行项目规范化管理。通过严格检查监督，对项目施工进度、质量、资金使用等情况进行动态监测，确保了工程的顺利完工和资金的安全使用。工程的建设资金投入主要包括国家配套、市配套、区县配套和自投资金四部分，其中自投资金主要包含配套资金以外，区县或乡镇自筹用于土地整理、青苗补偿、建筑物拆迁腾退等方面的款项。北京平原地区实施的各项绿化工程中，除了三北防护林工程全部是由国家配套投资外，其余工程都是以市、区县和自投资金为主。

（2）不同工程建设资金投入情况。尽管北京市对于各项工程的建设投资都有统一标准，然而平原地区14个区县的绿化工程建设资金投入标准差异较大，这主要与各区县的自投资金差异有关，由各乡镇经济发展水平和项目实施具体情况而定。由表2-1看出，不同工程之间的建设资金标准差异较大。滨河森林公园的建设投入资金最多，其次是郊野公园和平原造林工程。滨河森林公园和郊野公园建设靠近城区或新城，对于景观质量要求较高，配有大量游憩服务设施，因此提高了建设成本。2012年启动的平原造林工程，由于规模大、标准高，且多用大苗造林，其建设成本仅次于滨河森林公园。相对而言，三北防护林工程和经济林的建设投入标准较低。

表2-1 北京平原造林绿化各区县工程建设资金投入　　　　万元/(亩·年)

区县	平原造林	一道绿隔		二道绿隔			公路河道绿化	农田林网	绿色通道	滨河森林公园	三北防护林	平原治沙	村镇片林
		郊野公园	生态林	景观林	生态林	经济林							
昌平区	4.12	4.5	—	—	0.55	—	3	—	0.1	11.5	—	—	—
朝阳区	8.5	5.58	1	—	0.6	0.1	—	—	0.6	—	—	—	—
大兴区	5.73	1	0.5	0.3	0.2	0.1	3.5	0.2	0.9	22.3	0.2	0.18	0.3
房山区	3	1	0.5	0.3	0.3	0.3	3	1.01	—	6.77	—	0.19	1.01
海淀区	3	1	0.5	0.3	0.7	0.1	—	—	0.5	—	—	—	—
平谷区	3.6	—	—	—	—	—	3	—	0.18	6.2	—	—	—
通州区	2.99	—	—	—	0.5	0.1	3	—	0.13	6.11	0.2	0.65	0.65
怀柔区	11.15	—	—	—	—	—	—	—	3.08	17.78	0.2	—	—
门头沟区	2.8	—	—	—	0.6	—	—	—	—	—	—	—	—
密云县	3.5	—	—	—	—	—	3	—	0.3	5.75	—	—	—
丰台区	3.7	3	0.5	—	0.36	0.12	6	—	—	—	—	0.05	—
延庆县	3.25	—	—	—	—	—	0.75	5	0.1	3.98	—	0.45	—
顺义区	3.33	—	—	—	0.7	0.25	0.5	0.05	0.3	2.72	0.2	—	—
石景山区	3.7	1	—	—	0.3	—	0.99	—	—	4.74	—	—	—

（3）各区县建设资金投入情况。对于相同工程，不同区县的建设资金投入标准也不一

样。以一道绿化隔离地区绿化工程为例，建设资金投入最多的是朝阳区，达到6.58万元/（亩·年），其次是昌平区，投入资金为4.5万元/（亩·年）。其主要原因是四大郊野公园群最大的两个公园分别位于这两个区，其中朝阳区建设的东部郊野公园群离城区最近，涉及房屋拆迁、土地腾退等问题较多，且景观水平和游憩设施等建设标准较高，因此大大增加了建设成本。昌平区建设的北部郊野公园群，虽然大部分离城区较远，但是由于公园建设面积和规模大，也提高了建设投入成本。除了三北防护林建设是国家全额配套投资，各区县的建设投入标准都一样[约200元/（亩·年）]外，其他各项平原造林绿化工程的建设投资标准都存在明显的区县差异。相比而言，石景山、门头沟、丰台、平谷和密云等区县的建设投入较少，主要是地理位置因素造成，这些区县除了石景山以外，都位于平原边缘地区，所涉及的平原造林绿化工程数量和分配面积较少。此外，由于区域经济水平不一样，自投资金的投入相对较少也是重要原因。

3. 土地流转补偿

北京平原地区聚集了大量建筑、农业、交通用地等，因此平原造林不同于山区造林，涉及更多的建设用地腾退、土地流转、地上物补偿等问题。为了更好地适应社会经济发展，减小地区经济差异，稳定被占用地农民的收益，北京平原造林绿化各项工程都制定了土地流转补偿标准。由于不同绿化工程的启动时间、地理位置、用地性质、地区经济水平等差异，补偿标准呈现出多样化特征。

表2-2 北京平原造林绿化工程土地流转补偿标准

项目	一道绿隔		二道绿隔			五河十路		绿色通道	郊野公园	平原造林
	郊野公园	生态林	景观林	生态林	经济林	永久绿化带	产业带			
流转补偿费[元/（亩·年）]	1000	1000	500	500	300	500	300	500	1000	1000/1500
相关政策			生态林：每3年递增10%；免征农业税 经济林：在有收入前暂免征收农业税；速生丰产林成材后，经批准可按一定比例采伐			每3年递增10%		每3年递增10%		建立动态增长机制
实施年限	2000年至今		2003—2012年	2003—2007年		2004—2010年	2006—2010年	2004—2010年	2007年至今	2012—2028年

由表2-2可以看出，补偿标准最高的工程是一道绿隔、郊野公园和平原造林工程，达到1000元/（亩·年），是其他工程补偿标准的2倍以上，主要原因是：一道绿隔地区和郊野公园绿化工程尽管实施较早，但建设地区都位于城区和近郊区，土地资源紧张，多为耕地，且建筑较多，增加了土地流转成本；平原造林工程2012年启动，大规模造林占用了大量耕地，为了顺应社会经济发展，因此该工程制定的流转补偿标准较高。另外，不同森林类型的补偿标准也不一样。总体看来，补偿标准由大到小依次是公园景观林、生态林、经济林。

从补偿政策来看，根据不同工程和林地性质，政策标准也灵活多样。如 2006 年以前，在税收政策上，对生态林绿化占用的农业税计税土地，免征农业税；对经济林，在有收入前暂免征收农业税。此外，实施 5 年以上土地补偿的工程还建立了动态增长机制，以符合经济发展水平的提高，提高农民流转土地的积极性。

（四）后期养护管理保障措施

1. 政策和资金保障

1) 管护政策

（1）北京市出台的管护政策。为了巩固各项工程的绿化成果，不断完善管护机制，推进林地养护管理规范化和制度化，北京市针对各项重大工程都出台了一系列相关管护规范和标准，以便对管护工作核实和检查做到有章可依。针对绿色通道绿化工程的管护工作，制定了《"五河十路"绿色通道建设工程管护管理办法》《北京市绿色通道永久性绿化带管护工程管理办法》《北京市绿色通道永久性绿化带管护标准》《北京市绿色通道建设工程永久性绿化带管护实施细则》《北京市绿色通道建设工程永久性绿化带管护核查实施细则》等管护法规和标准。针对平原百万亩造林工程，制定了《北京平原地区造林工程技术指导意见》。

（2）地方区县出台的管护政策。部分区县因地制宜，结合自身特点制定了养护管理制度和规范。丰台区制定了《丰台区林地养护管理办法》和《丰台区林地养护管理标准》，划分了林地养护范围和等级，规范了养护内容和检查办法，建立了奖励机制和评比制度；另外还建立了严格的养护例会制度，每月底召开养护管理例会。密云县制定了《密云县重要通道绿化美化养护机制暂行办法》《密云县 2012 年平原地区造林工程施工管理办法（试行）》《密云县 2012 年平原地区造林工程监督检查工作方案》等管理办法和制度。

2) 管护资金投入

在工程管护资金方面，通过层层落实责任制，在常规检查合格基础上及时兑现施工单位管护资金，保证了管护工作的顺利进行。到 2011 年为止，北京平原地区实施各项工程的管护费用均以市、区配套投资为主，也有个别区县或乡镇自投资金，所占比例较少。由表 2-3 可知，针对不同的绿化工程，其管护配套资金的标准也不一样。管护费用最高的是郊野公园和平原百万亩造林工程，均为 2667 元／亩；标准最低的是五河十路工程中的产业带，仅 100 元／亩。管护费用的差异主要与工程实施的年度、地点、管护难易程度、社会经济发展等因素有关。另外，从管护费用投入年限来看，不同类型的林地，其管护费用的执行年度也不同，景观林和生态林的管护年限远高于经济林。

表 2-3 北京平原地区绿化工程养护费用标准

项　目	三北防护林	一道绿隔		二道绿隔			五河十路		绿色通道	郊野公园	平原造林
		郊野公园	生态林	景观林	生态林	经济林	永久绿化带	产业带			
养护费用（元/亩）	—	2667	1333	200	100—200	1000	200	100	200	2667	2667
执行年限（年）	—	—	—	10	10	5	7	5	7	—	—

2. 养护队伍建设

北京市平原造林绿化各项重大工程实施后，建管兼重，强化后期管理，各类苗木成活率达到90%以上，得益于建立专业队管护机制，实行统一管理、定期培训和检查。各区县的城区绿化由其园林绿化服务中心管理，同时，各镇、村成立专业队伍按属地进行绿化管理。2012年北京平原百万亩造林工程启动后，各区县都成立了林木养护管理中心。截至2011年年底，北京市平原造林绿化所涉及14个区县的绿地养护面积为78.16万亩，养护队伍总数达到716个，人数为44206人（表2-4），其中包括管理人员2095人，专业技术人员3664人，养护工人36518人，其他人员1929人。全市共有平原造林绿化专业队伍598个，人数39897人，养护面积66.76万亩；个人承包养护队伍51个，人数2409人，养护面积4.03万亩；社会化养护队伍67个，人数1900人，养护面积7.37万亩。由图2-13知，专业养护队伍从数量、人数和养护面积上都占了很大比重，其次是社会化养护队伍，个人承包队伍所占比重最小。

从养护队伍建设情况来看（表2-4），各区县的差异较大。养护队伍数量达到百个以上的区县有4个，分别是平原中北部的海淀、昌平、顺义和朝阳区。养护人数达到千人以上的区县共有7个，分别是朝阳、海淀、顺义、丰台、昌平、大兴和通州。各区县都吸纳了大量当地农民进入养护队伍，绿岗就业比例达到58%以上。其中吸纳当地农民人数最多的是海淀区，养护队伍中100%都是当地农民；其次是平谷区和怀柔区，当地农民比例分别为94.7%和

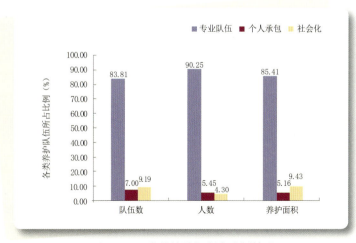

图 2-13　三类养护队伍所占比例情况

92.7%。从各区县的绿地养护面积来看，达到十万亩以上的依次是顺义、海淀、朝阳和大兴四区。综合来看，海淀、朝阳和顺义三区的养护队伍建设和养护面积名列前茅。

表 2-4　北京市各区县绿地养护队伍和养护绿地面积情况

区县名称	养护队伍（个）	人数（个）	吸纳当地农民就业人数（个）	绿地养护面积（万亩）
昌平区	137	4933	1107	8.96
朝阳区	103	8662	4823	10.19
大兴区	59	4095	3081	10.07
房山区	4	386	140	4.27
海淀区	143	7566	7566	10.58
平谷区	5	264	250	0.59
通州区	28	2082	100	3.03
怀柔区	5	725	672	2.12
门头沟区	9	110	70	2.40
密云县	22	670	402	1.01
丰台区	81	6658	4985	7.80
延庆县	5	155	—	—
顺义区	112	7431	2575	16.62
石景山区	3	469	—	0.52
总　计	716	44206	25771	78.16

3. 基础设施建设

在养护管理基础设施建设上，北京平原地区各区县都不断完善灌溉、排涝设施，加强林地卫生和病虫害防治等养护管理工作，确保工程建设成活成林。至 2011 年年底，平原地区 14 个区县共有机井 1791 眼，固定灌溉管线 1877.8 千米，移动灌溉管线 551.1 千米，水车 5187 台，浇水排涝泵 1600 台。由表 2-5 可知，养护基础设施建设最好的是大兴区，其机井数、灌溉管线总长度和浇水排涝泵数量都位居第一，其次是通州区。这与两区都位于北京平原东南部水网密集区和平原建设重点发展区有关。

表 2-5 北京市各区县绿地养护基础设施情况

区县名称	机井数量（眼）	固定灌溉管线（米）	移动灌溉管线（米）	水车（台）	浇水/排涝泵（台）
昌平区	174	136933	172778	115	304
朝阳区	277	245215	114450	123	289
大兴区	622	610550	40150	99	356
房山区	7	26692	4050	39	21
海淀区	0	0	0	30	0
平谷区	1	0	1000	8	50
通州区	350	306146	102360	3475	82
怀柔区	15	46283	29700	895	28
门头沟区	0	0	8000	14	16
密云县	17	0	0	110	350
丰台区	72	112336	20000	21	10
延庆县	—				
顺义区	254	242672	54601	248	88
石景山区	2	150970	4000	10	6
总　计	1791	1877797	551089	5187	1600

二、北京"十一五"期间平原造林绿化的成就

北京市以建设中国特色世界城市和"人文北京、科技北京、绿色北京"为目标，全市上下大力推进绿化造林工程，着力构建生态网络体系，相继实施了第一道绿化隔离地区和第二道绿化隔离地区、绿色通道、郊野公园、新城滨河森林公园、湿地保护、平原地区百万亩造林等一系列重大决策部署，其中多项建设工程位于平原地区。经过十多年绿化建设，使全市绿色空间大为拓展，基本形成了山区、平原、城市绿化隔离地区三道绿色生态屏障，呈现出"城市青山环抱、市区森林环绕、郊区绿海田园"的优美景观，首都的城市生态环境得到改善，人们的生活幸福指数得以提高，体现了北京首善之区建设中绿化走在前面的战略思想。

（一）以绿色奥运为契机，增加森林资源面积

北京市以承办绿色奥运为契机，高度重视平原地区林业生态建设，林木资源总量大幅度提升，农田防护林林网化率达到97%以上，市级以上公路及河道绿化率超过90%，五大风沙危害区得到有效治理，打造了一大批精品公园绿地，大尺度、大规模的森林景观初步显现，建立起首都平原地区的绿色生态屏障，全面兑现了向国际奥委会承诺的奥运绿化7项指标。

据第七次森林资源普查数据显示，北京市平原地区林地面积16.53万公顷，占全市林地面积的15.80%；林木绿化率26.36%，较第六次普查增加2.79个百分点；森林覆盖率14.85%。其中，八区平原林地面积125916.79公顷、林木绿化率40.19%，森林覆盖率31.93%。自平原百万亩造林建设工程启动以来，北京市全面掀起了平原造林绿化建设的新高潮，2012年共新增造林25万亩，截至2013年5月初，全市又完成平原造林33.2863万亩，超过全年任务的95%，一年半累积造林超过总任务的50%，建设速度相当于常年的5~6倍。

（二）以重点工程为龙头，优化生态安全格局

北京自2000年以来，坚持把推进重大项目作为生态建设的突破口，在平原地区先后启动了一系列重大生态建设工程，形成了以绿色廊道为骨架、以大尺度森林景观为基底、"点、线、面"相连的平原绿网。截至2011年年底，已实施的各项重点工程都取得了阶段性成果。北京市委、市政府于2000年提出并实施第一道绿化隔离地区建设，在三年内就完成绿化面积11.1万亩，形成了七个以上基本连接的绿色大斑块，提前完成了规划任务。2001年启动实施了"五河十路"绿色通道建设工程，对5条主要河流以及8条主要公路和京九、大秦2条铁路，建设20~50米宽的永久性绿化带，并在外侧建成了200米宽的经济产业带，形成了具有较高标准的平原绿网基础。2003年启动的第二道绿化隔离地区建设，是对第一道绿隔地区的拓展和延续，除了生态林、景观林外，还加强了经济林建设，2012年以前已基本形成了环绕城市的绿色生态景观带。2007年，在第一道绿化隔离地区启动了郊野公园建设项目，在绿隔地区已建成的基础上，进一步提升了绿地质量水平，有效拓展了城市绿化隔离带功能。此外，"十一五"以来陆续实施的湿地保护、平原治沙、播草盖沙、农田林网改造、新农村绿化等工程都成绩斐然。通过发挥重点工程的带动和辐射作用，并且各项工程之间相互渗透、前后衔接、不断完善，使平原地区的生态环境得到持续改善，生态格局不断优化，初步形成"两环、三带、九楔、多廊"的景观格局，为实现"绿色北京"目标打下了坚实的生态基础。截至2011年年底，北京市各区县都按时甚至超额完成了大多数重点工程建设任务。

（三）以湿地恢复为抓手，提高生物多样性

北京市湿地主要包括天然湿地和人工湿地两大类，共11个类型，据2007年北京市湿地资源调查显示，全市湿地总面积5.14万公顷，其中天然湿地面积占总面积的46.4%；平原地区共有湿地3.07万公顷，约占全市湿地面积的60%。北京市16个区县均有湿地分布。"十一五"期间北京市通过一系列保障措施，湿地状况得到了较好改善，为全市近50%的植物和75.6%的野生动物提供了栖息地。一是通过颁布《北京市湿地保护行动计划》《北京市野生动植物保护和自然保护区建设工程总体规划》等一系列与湿地保护有关的地方性法规和政府规章，实行综合协调、分部门实施的湿地保护管理体制，使湿地保护管理工作顺利进行。二是通过建设翠湖、汉石桥、稻香湖、王辛庄、五河、台湖等湿地公园和野鸭湖、汉石桥等湿地自然保护区，在保护湿地资源、保障生态效应的同时，发挥生态旅游和科普教育的多重社

会效应，使湿地资源得到有效保护和恢复。例如密云县建立了湿地保护区监测制度，每年春、夏、秋、冬季分别对鸟类进行同步监测，为湿地资源的管理提供有效依据。三是将湿地保护建设与景观生态林、滨水绿廊建设相结合，通过适度人工干预，开展河流、池塘、水产池塘等湿地的恢复建设，进行河道整治及砂石坑治理，结合平原区水系特点，以线带点、以线连面，将水系与湿地公园密切融合，进行"长藤结瓜"式的河道串联，构成覆盖平原地区的绿色水网。四是实施湿地可持续利用示范工程，建立人工湿地，在湿地保护区域进行适度开发，发展湿地养殖业、生态农业和生态旅游，使湿地的综合功能得以发挥。

（四）以方便游憩为目标，扩大郊野公园规模

2007年北京市启动实施了一道绿隔地区"郊野公园环"建设工程，以"公园环京城、绿色促发展"为总体目标，按照"一环、六区、百园"的布局要求，在北京市一、二道绿隔地区构建"整体成环、分段成片"的"链状集群式"郊野公园群。截至2011年年底，北京市共新建郊野公园52个，累计达到81个，总面积达到8.1万亩，公园瞬时可容纳90万游人，为市民提供了休闲游憩、康体健身、文化娱乐、旅游观光、科普教育的活动场所，既发挥了城市森林的生态功能，又丰富了市民的生态游憩环境，满足了市民们的绿色休闲需求。

（五）以五大产业为基础，促进农民增收致富

北京市在积极进行生态建设的同时，注重发挥林业的多重功能，将绿化造林与发展经济、富裕农民、产业结构调整相结合，大力发展民俗旅游、果树、种苗、花卉、蜂业、林下经济等六个传统绿色产业。

（1）民俗旅游业：随着京郊生态环境的改善，以及城镇居民对自然生态、乡土文化和健康养生的需求，带动了农家乐、农业观光园、采摘园等民俗旅游业的发展。据统计，2010年京郊开放果园有1114个，面积达到51.4万亩，年接待游客904.7万人次，同比增长22.0%，采摘果品总量达4163.8万千克，采摘直接收入达3.3亿元。

（2）林果业：依托首都科技信息和市场经济优势，北京的果树生产和果品产业具有良好的基础和发展空间。2012年全市设施果品总产量达到1665.2万千克，总收入4.5亿元，创历史新高，同比分别增长13.1%、16.3%。以昌平区为例，2011年全区新发展果树4633亩，其中新植3933亩，新建标准化果园3050亩，果品产量4101万千克，产值3.02亿元，比2010年分别增长2.6%和13.1%。

（3）林木种苗业：为了满足北京各项生态建设工程的需求，林木种苗产业实现了由数量规模型向质量效益型的转变。"十一五"期间，累计投资2468万元建设和完善了林木良种基地13处243.3公顷，全市采种基地年产种子27万多千克，良种基地年产良种9万多千克，穗条670多万根，良种苗木640多万株，年实现产值超过26亿元。

（4）花卉业：在花博会的有力带动下，北京市花卉产业规模不断扩大，交易额迅速增长。据北京市2010年上半年花卉产业统计，花卉生产面积达到3274.72万平方米，产值6.13亿

元，与2009年同期相比增长了32.48%。

（5）蜂产业："十一五"期间，北京市蜜蜂养殖业、蜜蜂产品加工业、蜜蜂授粉业、蜂疗保健康复业和蜜蜂文化旅游观光业等五大产业新模式基本形成，全市蜜蜂饲养量超过24万群，养蜂年产值1.5亿元，蜂产品年加工销售产值8亿元，有养蜂户1万多户，并初步建成首都蜂产业农民合作服务保障体系。

（6）林下经济：北京平原造林形成的大量林下空间，为发展林下经济提供了难得的资源。截至2011年年底，全市有12个区县示范推广了林菌、林禽、林药、林花、林桑、林草、林粮、林蔬、林油、林瓜等10种林下经济模式，林下经济总产值近17亿元，累计参与农户8万多户，带动就业29万余人。

（六）以结对帮扶为手段，带动乡村绿化发展

为了统筹城乡绿化发展水平，从2006年起，大兴、昌平等区县就开始着手新农村绿化美化建设，为乡村地区的环境改善打下了坚实基础，积累了丰富经验。2012年开始，依托平原造林建设，结合新农村五项基础设施建设，在北京平原地区的农村广泛开展"植树进村庄""绿化进庭院"等活动，充分利用路边、地边、沟边、渠边等地段见缝插树，栽大苗，全面提升了村庄绿化美化水平。截至2011年年底，累计完成了3500个村的绿化美化，新增绿化面积近4000万平方米；各区县创建园林小城镇10个、首都绿色村庄80个。此外，通过开展"城乡手拉手、共建新农村"和"创绿色家园、建富裕新村"等创建活动，推进了"拉手全覆盖、尽责百分百"试点，1000个中央、市属、区属单位和驻京部队与700多个村结成对子，提供绿化资金6300多万元，积极支持新农村绿化和产业发展。

（七）以流转补偿为重点，创新政策管理机制

为了结合首都平原造林绿化建设需求和适应市场经济发展，充分发挥了政策杠杆的作用，不断创新政策，优化管理机制，提高了造林效率，使规模化造林取得累累硕果。一是政策创新。①为了统筹林业发展和耕地保护，优先使用建设用地腾退、废弃砂石坑、河滩地沙荒地，促进种植结构调整，转变发展方式；②通过土地流转补偿稳定农民收益，并建立长效的动态增长机制；③绿化建设投资纳入城市基础设施建设，按照区域差异化投入政策，由市区（县）两级政府分担；④林木养护管理实现绿岗就业，建立以当地农民为主体的营造、养护专业队伍，增加就业岗位；⑤采取市场化运作，按照"谁投资、谁经营、谁开发、谁受益、谁负责"的原则，充分运用市场机制，广泛吸引社会力量参与绿化建设，加快绿色产业的发展。二是管理机制创新。以2012年春季平原造林工程为例，由于春季造林时间紧、季节性强，市、区有关部门坚持"打破常规、特事特办、创新机制、简化程序、提高效率"的原则，转变政府职能，精简审批程序，做到能下不上、能简不繁，依法合规，提高了工作效率，创建了便捷可行的项目申报、审批机制，使手续办理时限大大缩短，项目管理实现了重心下移，为大规模春季造林赢得了宝贵时间。

三、北京平原造林绿化建设的经验

（一）坚持科学规划，兼顾近期建设与长远发展

规划是建设的首要条件，制定科学合理的平原造林绿化规划，有助于保护原有的森林资源，避免重要生态用地受到破坏，为城市发展预留布局合理、规模适当的生态空间，节约建设成本，发挥森林的综合功能，提高城市的品味。因此，借助首都科教资源优势，坚持高起点的规划引领，依照规划确定造林地块，集中连片、成带连网，突出重点。一是科学编制城市林业用地规划。城市林业必须与城市总体规划相适应，融入城市经济社会发展总目标中，做到同步规划，协调发展。二是以人为本，坚持适度的高起点、高标准。立足未来二三十年的长远发展目标，前瞻性地将城市郊区一定范围内的生态用地、自然和人文景观丰富的地区甚至农田加以保护，统筹城乡生态建设。三是实施阳光规划。林业规划者要与市规划部门携手并进、广开言路，通过各种形式向社会各界人士展示规划内容，最广泛地听取和吸纳社会各层面的意见和建议，使规划进一步完善，具有合理性和可行性，形成良性互动的反馈和参与机制。

（二）预先储备种苗，保障造林工程顺利进行

北京启动平原造林绿化工程后，能否提供品种对路、质量优良、数量充足、价格平稳的林木种苗，成为顺利推进平原造林建设、实现"绿色北京"的关键。早在"十一五"期间，为了"办绿色奥运，建生态城市"，以满足各项绿化重点工程建设用苗需要为目标，北京市做好了充足的种苗储备，林木种苗事业蓬勃发展。一是苗木数量充足。例如，2011年全市计划绿化造林10万亩，预计栽植1200万株，当时全市在圃苗木达到2亿株，其中可供造林绿化苗木1.37亿株，苗木供应充足。二是品种繁多，质量优良。全市可供造林绿化的针、阔、花灌木种类达130多种，在圃苗木中，针、阔、花灌木的比例为22∶43∶35，除常用树种外，皂角、橡栎、黄连木、梓树等一些优良乡土树种苗木的比重逐步加大，能满足绿化造林对多树种的需求。三是良种数量增多。截至2011年年底，全市良种数量已达180个左右，良种苗木达到2400余万株，北京市园林绿化良种化进程进一步加快。

（三）多部门分工协作，合力推进工程建设

北京平原造林绿化建设中，有关部门紧紧围绕"在哪种、种什么、怎么种、种成什么样"等问题，开展了大量工作，建立了各部门之间的协调联动机制。市国土部门制定了平原造林绿化用地的空间布局方案，并把建设任务和指标分解落实到区县；市规划、园林绿化部门启动了《平原地区造林工程总体规划》的编制工作；市发展改革委、市财政局和相关区县政府抓紧落实建设计划和项目投资；市农委深入开展土地流转、地上物补偿等政策研究；市水务、市交通等部门加大河流、道路两侧绿化力度；市绿化部门组织开展了绿化用地、规划布局、政策比较、标准规范和新技术、新材料推广等方面的专题研究，制定了平原造林工程技术指导意见，确定了科技支撑方案。

（四）实行农民绿岗就业，促进社会和谐稳定

北京平原造林绿化建设是以营造风景林、游憩林、商品林和防护林为主，具有生态、经济和社会功能，能够促进当地农民就业增收。以北京郊野公园建设为例，据各区统计，已建成并开放的42个公园的绿地养护、设施管理、设备维护、卫生保洁及安全保障等工作共安置农村劳动力2万多人就业。通过绿化建设推动绿岗就业的途径包括：一是通过经济林、果等林产品产业链，从生产到流通、销售各个环节直接提供就业岗位；二是生态林、游憩林、景观林的营造、管护等可增加就业岗位；三是由生态建设催生的乡村生态旅游等相关产业，不仅就地消化和转移农村富余劳动力，为农民非农就业、增加收入提供新的途径和机会，还可以带动旅游地的住宿、餐饮、交通一条龙产业发展，从而为更多的人提供就业机会。

（五）建立多种补偿机制，维护各参与方切身利益

北京市平原造林工程的补偿机制按照"政府主导、市区分担、社会参与"原则安排资金，同时引导和鼓励社会资金参与工程建设，建立生态工程共建、共享、共担的社会化、市场化投融资机制。①土地流转补助。绿化建设用地原则上只租不征，政府采取土地流转租地的方式，由市级财政部门负责租地费用。②建设标准定额和林木养护管理补助。根据"把握标准、总额控制、突出重点、分类指导"的原则，综合考虑项目区位、地块规模、景观效果等因素，确定建设标准定额；林木养护管理补助由市、区县两级分担，具体分担比例由市财政局统筹安排落实。③区域差异化投资。绿化建设投资纳入城市基础设施建设，按照生态涵养区、发展新区、拓展区的区域差异化投入政策，由市区（县）两级政府分担。④地上物补偿。区县政府承担腾退绿化用地地上物补偿费用，补偿标准和范围由区县根据实际情况自行确定。

（六）发挥科技示范作用，带动平原造林健康发展

北京市在推进平原造林绿化建设过程中，充分利用首都科技人才优势，坚持科技兴绿，强化技术支撑。首先，着力于重点环节基础理论、重点技术瓶颈的科学研究与技术开发，开展抗旱节水造林、退化生态系统修复、森林健康与可持续经营、平原区森林营造及其结构功能优化、湿地恢复与生物多样性保育、森林碳汇及多功能林业等基础理论、关键技术的攻关，掌握一批具有自主知识产权的科技成果。其次，加强对新技术、新成果的引进推广，广泛应用耐旱节水、生态节能等新技术和新材料，提高建设成效，同时，引进、繁殖了一批新优平原造林适用树种。第三，在病虫害防治方面，推广了生物防治病虫害技术，提高了绿化建设的质量和效益。

第三章
北京平原造林绿化建设的问题与潜力

尽管 2012 年北京市平原造林工程实现了良好开端,取得了显著成效。但从巩固造林成果,全面推进平原造林工程建设的现实需要出发,还有很多问题需要我们深入研究解决。

一、平原地区森林资源的结构问题

综观北京城市生态体系建设的整体情况,在取得巨大成就的同时,仅就平原区绿化来说,与世界城市还有很大差距,还要针对平原区的现实问题,采取相应的措施加以改善。

(一)森林资源整体格局:山区多平原少

北京市地貌类型在西北部以山地为主,而西南部主要是建设用地和农业用地比较集中的平原区。这种地貌类型也影响着森林、湿地等生态资源的分布格局。虽然 2009 年北京市森林资源已到达 65.89 万公顷,林木绿化率高达 53.64%,但主要分布在密云、怀柔、延庆、平谷等北部山区,南部平原则相对较少。其中,山区林木绿化率为 71.35%,森林覆盖率为 50.97%;平原林木绿化率为 26.36%,森林覆盖率为 14.85%。而北京市湿地资源相对缺乏。因此,森林、湿地等生态资源整体上呈现"山区多平原少"的问题,需要在人口密集、森林资源相对较少的南部地区增加森林资源。

(二)森林资源组成结构:林带多片林少

北京经过 50 多年努力,平原区森林、湿地等生态资源得到了极大的恢复。但总体来看,北京平原区绿化建设主要源于防护林建设,森林类型比较单一,沿河、沿路的林带和农田防护林网占主体,片林面积小而破碎,受人类活动干扰严重,其生态系统非常脆弱。2008 年以来实施的二道隔离地区绿化建设虽然显著提升了城近郊区森林比重,但随着城市向南、东方向的发展，以及新城的不断拓展，这些现有的林地和城区绿地相对于庞大的城市生态需求来说还是严重不足。因此，北京平原以森林资源整体上呈现"林带多片林少"的局面。

（三）居民可用森林分布：远处多身边少

"十一五"以来，北京市结合城市建设特别是2008年奥运会的绿化项目建设，在五环、六环沿线建设了大面积的森林绿地，使城区绿化空间得到进一步提升，但整体上城市绿量依然存在"外围多内部少"的问题。2009年北京市山区林地面积88.08万公顷，占全市林地面积的84.20%，但是在人口高度密集的城市中心区、新城、重点镇，绿地所占比率相对较小，并且继续发展的难度很大，造成了城乡之间、区域之间绿化建设的较大差异。

（四）森林空间拓展需求：人口多绿地少

到2009年年末，北京市国土面积164.1万平方千米，常住人口1755万人，人均土地面积1.4亩，人均林地面积0.89亩。随着北京世界城市建设的全面推进，城市建设用地、农业用地与生态用地的矛盾日益突出，绿化空间拓展存在"人口多绿地少"的问题，将长期困扰北京市环境经济社会的可持续发展。因此，传统的城郊土地农业利用定位已经不适应北京城市发展、人居环境、市场经济等对土地优化利用的要求，直接导致了农业用地、城市建设用地与生态用地的矛盾。需要以科学发展观为指导，从政策层面对土地利用结构进行更科学、灵活的调整。

（五）林地服务供给类型：限制多开放少

北京平原区森林资源包括防护林、景观游憩林、经果林等多种类型，但在数量上主要以季节性开放、收费的经果林采摘生态园类型居多，防护林也基本上是条带状的，兼具生态防护、景观游憩功能的开放式大型生态景观林偏少，造成京东南地区居民日常休闲缺少足够的绿色空间，节假日通常前往北京西北部山地森林和风景区活动。因此，要在新一轮的平原造林增绿过程中，适当增加生态景观林的建设比重和规模，并以此为依托，拓展森林的生态文化功能，开发出能够吸引游客、蕴含文化要素的自然教育园区、科普文化基地，挖掘生态文化创意产业发展潜力，建设具有北京特色和国际影响力的生态文化创意产业园区。

二、平原造林绿化的政策机制问题

（一）后期规划绿化用地难以落实，前期造林成果保护难度增大

截至2011年年底，北京平原地区荒滩已经基本消灭，可利用的绿化用地大部分为农耕地和腾退拆迁地，绿化用地落实比较困难。一方面绿化用地与耕地保护之间矛盾突出，各区县基本采取传统的"租地建绿"的模式进行绿化建设，绿化用地权属性质不变，因此绿化建设很大程度上受当地村集体和村民的影响。随着城市化进程的加快，土地作为稀缺资源受到各

大利益集团争抢，受经济因素影响，群众对绿化建设的积极性有所降低，因此绿化用地的土地政策问题亟待解决。另一方面，城市腾退拆迁绿化区土地利用状况复杂，城区规划绿地基本都位于现状农村民居、集体企业用地及中央市属单位和部队用地上，被拆迁腾退的农民转居转工和劳动力就业问题需要综合考虑，腾退难度较大。

同时，平原前期造林工程保护难度增大，侵占绿地现象时有发生。一是城市建设中以生态、社会效益为主的园林绿化行业处于弱势地位，其发展空间易受到其他经济效益突出行业的挤压；对于已建成的绿地常因各种原因被侵占，如城市扩展、公路扩宽中绿地被"无偿占用"，必要的绿地补偿性恢复又因征占地矛盾等原因而难以实现。二是平原造林绿化难以依法进行保护。一道绿隔、二道绿隔、绿色通道、万亩造林等工程项目形成的绿地占平原地区绿化的绝大部分，但其土地性质不能确定为林地，使得《森林法》《北京市森林资源保护管理条例》等法律法规束手无策，由此造成有法但不能依法进行保护，威胁到了造林成果的巩固。

（二）不同时期造林补偿标准差异大，区县财政绿化配套资金持续支付难

由于历史的原因，2012年前的北京平原造林工程建设、租地以及养护等标准在市本级财政、各区县都存在很大差别（图3-1至图3-3）。同时，与现在的物价相比，养护经费严重不足；与现今的土地租赁价格相比，土地流转费用还差异巨大。另外，各类性质林地的养护费标准不统一、执行标准不一致也造成养护管理水平参差不齐。全市主要绿化工程出现的新老政策不衔接问题一方面增加了林地管理的难度，使实施造成一定困难，不利于绿化成果的保护和生态效益的持续提升；另一方面容易导致出现一些不稳定因素，易造成社会矛盾，不利于和谐发展，急需通过有关部门制定统一的建、租、管、养投入政策，确保北京平原造林工作正常有序开展。

与此同时，区县财政在绿化土地流转资金与复垦资金方面包袱大、支付难。在2012年实施的平原造林工程带动下，很多财政紧张的区县为统一标准都制定了相应配套政策。如延庆县制定下发了《延庆县生态林建设土地流转实施办法（试行）》，规定2012年平原地区造林土地流转费用为每年每亩800元，每三年在800元基础上递增10%。同时，将2012年以前实施的5.3万亩平原地区造林土地流转费用由每年每亩500元提高到每年每亩800元。除2012年平原地区造林土地流转资金由市级资金支付外，5.3万亩的土地流转费用，使县财政背负很大包袱，支付困难。另外，城区许多平原造林地块为拆迁腾退地，存在大量建筑渣土、房屋基础等硬质垃圾，复垦费用过高，随着平原造林任务的推进，城近郊地区类似情况会越来越多，区级资金投入远远大于配套资金要求，致使城近郊区承担了巨大的财政压力，严重影响了各区县参与造林工程的积极性，也难以调动土地价值较高、土地租赁刺激作用较大的近城区县农民的积极性，单纯依靠行政命令推进造林绿化项目工程难度日益加大。

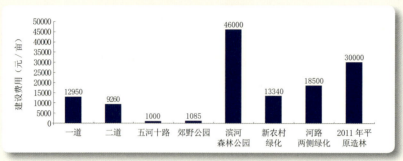

图 3-1　平原地区不同地类绿化建设费用标准比较

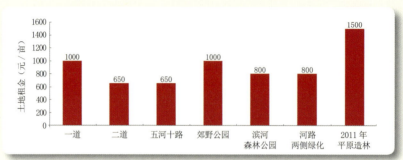

图 3-2　平原地区不同地类绿化土地租金标准比较

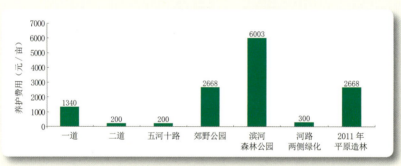

图 3-3　平原地区不同地类绿化养护费用标准比较

（三）平原造林管护机制、管护力量和管护设施难以适应现实需要

首先，平原造林管护机制亟待创新发展。目前，平原造林养护管理责任主体不一致，导致行业主管部门监管职能弱化，现有涉及园林绿化工程建设与养护的单位包括园林绿化、公路、水务、开发商、企业等，多头建设，多头管理，使得部分单位主管的工程建设、养护管理项目游离于行业主管部门监管之外，在落实养护管理任务、施工质量和标准要求上均不一致，易出现脱离园林绿化整体规划、生态景观效果参差不齐的现象。同时，平原造林现有养护队伍以专业养护队伍为主，形成专业养护队、社会化养护队和个人承包养护三分天下的局面（图3-4），不同专业养护队以及同类养护队不同养护队伍之间在养护技术、养护措施和养护管理方面也都存在较大差别，养护效果、养护质量和养护效率参差不齐。另外，平原造林绿

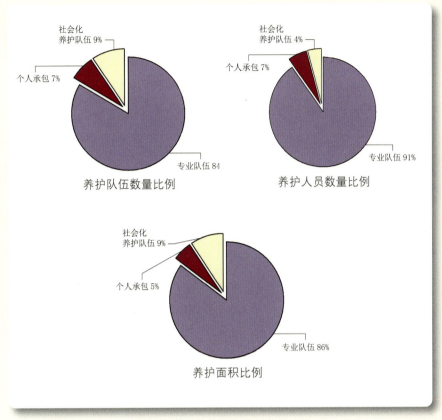

图 3-4 平原绿化养护队伍现状比较

化工程通过检查验收后,后期的管护工作跟不上,存在林地内放牧、林间垃圾不能及时清理、病虫害等问题,未能使绿化造林工程的生态效益实现最大化。

第二,平原造林监管执法力量亟待加强。随着平原造林面积的增加,森林公安工作量日益加大,森林派出所均设在山区、丘陵乡镇,平原警力严重不足,加上极端高温天气频繁,火源管理难度增大,人们的防火意识不强,平原地区森林防火形势十分严峻。同时,随着贸易往来的频繁,突发性林木有害生物的危险也时有发生,平原有害生物检疫与防治工作压力逐渐增大。另外,由于体制问题,对侵占绿地、毁坏城市树木、花草及其他损害绿化成果的行为,园林绿化局只有执法权,没有处罚权(城市绿化处罚权归城管),因此,在执法方面也存在一定的难度。

第三,乡级绿化管理机构不健全,基层管护站基础设施匮乏短缺。一是平原乡镇绿化机构相对薄弱,难以对平原绿化资源实施有效管理。如朝阳区是全市唯一没有林业站等乡级绿化主管机构的地区,2012年的平原造林工程由专业施工公司负责一年的养护管理后,经验收合格将移交给当地乡政府管护,而后者由于绿化管理机构的缺位,很难在绿化行政管理上有效管理,势必会影响到平原地区绿化的长远效益。二是基层管护站基础设施匮乏短缺,存在着没有管理用房，缺少机械设备、劳动和交通工具等问题。平原造林面积大、范围广，没有交通工具等预算，大多数管护队员将骑自行车或者步行到达施工现场，铁锹、镰刀等作业工具只能自带。管护区没有管理用房，管护人员吃饭、休息、工具存放、避雨无法解决。人员管理和安全存在隐患，管护效率低，效果差。由于管护及基础设施投入相对不足，制约了养护管理水平的提高，导致部分绿化工程质量、品位、档次不够高，影响了绿化的整体效益。

（四）部分平原造林绿化规划设计特色不鲜明，林地景观和服务效益不高

首先，有的造林地块规划设计理念落实不到位，出现花灌木数量偏多、树种搭配不够合理、景观效果不理想的现象，需要进一步完善提高。主要体现在：一是规划设计没有特色，道路绿化多以两侧植杨、柳树为主，绿化作用有余，而美化功能不足；街道林荫带普遍单纯注重栽大树，树种单一，密度过大，单纯突出了绿化的蔽荫功能，忽视了其观赏效果；二是部分工程规划设计不科学，树草比例和树种结构不合理，部分实施单位往往追求苗木种植的成活率以及后期管护的方便，采用单一品种集中连片种植的模式，造成了林分结构不合理，树种单一的林地结构，使得林地缺乏生物多样性，林地景观层次单调，林木生长力和林地抗性不高；三是城市绿量的挖潜还不够，老旧小区、小街小巷、城乡结合部、村庄内部等绿化水平仍然滞后，不能很好地体现特色。

其次，许多城市近郊居边平原造林地的生态游憩服务价值不高，生态服务效益亟待提升。特别是许多位于六环以内的造林地是在"旧村拆迁、农民搬迁上楼"的基础上进行的，规划绿地就在居住区周边。然而，2012年平原造林建设标准，只强调了造林，而对休闲游憩功能和服务设施关注较少，不能满足附近居民休闲健身的游憩需要。因此，对于人口密集、生态区位重要的造林地绿化和游憩服务规划建设应一步到位，在居住区周边的平原地区绿化地块应直接按郊野公园标准建设，避免绿化后再提升成公园。

（五）造林审批与协调难度大，缺少因地制宜的造林技术标准

2012年北京实施的平原地区造林工作是一项时间紧、任务重的复杂性极强的工作，部分区县在实施过程中遇到了许多现实的困难，主要表现在：

一是建设工程时间紧、任务重，而实施规划的审批手续和招投标时间相对紧张，对造林季节性较强的造林工作有较大的影响，致使许多区县没有达到预想的建设效果。平原造林涉及全市各区、各部门以及平原镇村的所有相关地块，土地流转、地上物拆迁腾退等大量工作需要协调，是一项多方联动、程序复杂、责任多元的限时重大工程，工作难度大。为了更好地完成后期平原地区造林任务，必须在实施平原地区造林工作中打破常规、特事特办、创新机制、简化程序、提高效率，需要提早统筹好林业发展和耕地保护的矛盾，妥善解决好百万亩造林的绿化用地，特别是要提早落实第二年绿化地块，简化造林审批手续，保证招投标的时间和造林的最佳开工季节。

二是平原造林工程建设的技术标准和规范有待进一步完善，特别是科学确定苗木树种规

格、造林树种配置模式等。平原造林要以发挥生态功能为先导，尽量栽植乡土树种，多栽滞尘能力强、保健效益高而又景观效果好的树种，提倡栽大苗，坚决反对栽植截干树，发展近自然平原森林。同时，要根据财力状况和工程要求，制定切实可行的造林技术标准规范。当前，北京地区大面积造林工程已致使苗木价格普遍上涨，且部分造林苗木规格过大，苗源紧张、苗木质量难以保障，如果按现行造林标准，将给下半年及明年的造林工作带来诸多问题，应适度降低部分造林区域的现行苗木规格。另外，要加强平原城市森林在改善生态环境、提高空气质量、降低细微颗粒物PM2.5浓度的功能研究，逐步建立长效的监测评价体系。

（六）失地农民面临就业困难，绿岗就业体制亟待创新发展

土地流转用于平原地区造林后，许多农民丧失土地，现有绿岗就业渠道还难以解决全部失地农民就业问题。以延庆县2012年平原地区造林为例，涉及7个乡镇50个村，共有劳动力14467人，其中，男劳力18~65周岁，7957人；女劳力18~60周岁，6510人。失地的农民达12000多人，除去外出务工人员，剩余劳动力年龄大、文化水平较低。当时，村里留守的人员，多数年龄在45岁以上，基本上是小学、初中文化。多数为妇女和老人，而妇女要在家照顾老人和孩子，不能外出务工，失地后，无法就业。虽然林木管护工作可增加就业岗位1500~1800人，但就业岗位缺口仍然很大。从其他一些区县绿岗就业的情况来看，当地农民占养护人员的比例在各区县存在较大差别（图3-5），虽然有些区县达到了70%左右的水平，但仍有部分区县绿岗就业吸纳当地农民就业的数量比例不高。在今后的造林任务中各平原区县还将产生大量的养护工作岗位，急需扩大当地农民从事绿岗就业机会。

同时，由于用管分离，岗位工作量不均衡，以及管护人员月薪与劳动量比例失调等多种原因，农民生态就业合作社、编外合同制工人等管护队伍和管理机制已经不再适应现实需要，管护效率低，管护效果差，绿岗就业体制亟待创新发展。

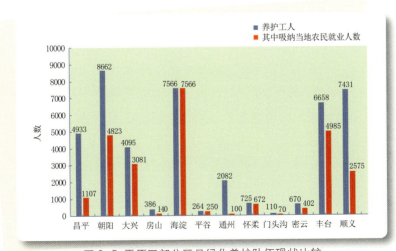

图3-5 平原区部分区县绿化养护队伍现状比较

三、平原造林绿化的潜力

经过多年的努力，北京平原地区生态景观建设已经取得了长足进步，初步建成了以第一、二道绿化隔离带、"五河十路"等重点工程为主体的平原地区绿色生态屏障。但仍存在森林面积"西北多，东南少"、森林构成和分布不合理，绿量不足，生态质量低等问题，难以完全满足城市防灾避险的公共安全和日常休憩需要。因此，面对实现"三个北京"和中国特色世界城市发展战略目标的新形势，管好现有林，扩大新造林，优化林业结构，美化森林景观，加大湿地资源和生态文化潜力挖掘，将是下一步平原生态景观建设的重要内容。

（一）森林生态资源增加潜力分析

1. 宜林荒地

据北京市第七次园林绿化资源普查结果，北京市平原地区林地面积16.53万公顷（247.95万亩），占全市林地面积的15.80%；森林面积14.41万公顷（216.15万亩），占全市森林面积的21.87%。从土地资源利用潜力的角度来看，根据《百万亩平原造林规划》统计数据，北京市还有2490.1公顷（3.74万亩）土地可以用于造林绿化，增加森林覆盖率；另外，有192.16公顷（0.29万亩）疏林、1896.77公顷（2.85万亩）灌木林地可通过科学造林、调整林分结构来提高整体森林质量。

若将2490.1公顷（3.74万亩）的宜林地全部完成造林绿化并且郁闭度达到0.2以上，可使北京市平原地区森林覆盖率提高0.39个百分点。

2. 腾退存量建设用地

面临城市高速发展和用地紧张的矛盾，腾退大量的存量建设用地（如宅基地、工业大院、工矿废弃土地、受污染土地以及主要的生态敏感地带等）进行平原生态建设，是节约土地并提高土地利用效能的良策。根据《北京市绿地系统规划（2007—2020）》，北京市可利用的腾退建设用地在各区均有分布，总面积为2.81万公顷（42.15万亩）。平原地区造林工程还与市政府的关于"启动城乡结合部50个重点村建设，推进城乡一体化进程的重大决策"相结合，明确了位于朝阳、海淀、丰台、石景山等区县的城乡结合部共50个重点村的建设工作，要求把拆迁腾退与绿化建设相结合，同步实现约1300公顷（1.95万亩）绿地的建设任务。扣除城乡结合部50个重点村及建设用地已腾退造林1748.67公顷（2.62万亩），可用于平原造林的面积为27651.33公顷（41.48万亩）。

若将27651.33公顷（41.48万亩）腾退存量建设用地全部绿化，可使北京市平原地区林木绿化率提高4.36个百分点。

3. 废弃砂石坑绿化

废弃、裸露的砂石坑严重危害大气质量、水体、土壤、植被、自然景观和公共设施，无序乱采砂石不仅破坏了极其脆弱的生态环境，造成风沙扬尘，还对环境及社会发展带来巨大负面影响。据调查，北京市砂石坑共500个，平原区总面积为4075.47公顷（61132亩），主要集中在昌平区、怀柔区、房山区和密云县。其中小于100亩的砂石坑357个，面积759.13公顷（11387亩）；大于100亩小于200亩的73个，面积674.4公顷（10116亩）；大于200亩小于500亩的48个，面积1018.2公顷（15273亩）；大于500亩小于100亩的13个，553.6公顷（8304亩）；大于1000亩的9个，1070.13公顷（16052亩）。根据《北京市绿地系统规划（2007—2020）》，经过与土地部门的协调，规划将有条件进行造林等综合治理的弃置地加以利用。扣除目前已治理的824.0公顷（1.24万亩）砂石坑，平原地区砂石坑仍有3251.5公顷（4.88万亩）的潜力可挖。

若将上述潜力土地全部用于造林绿化，可使北京市平原地区森林覆盖率提高0.51个百分点。

4. 平原防沙治沙区

平原地区（包括延庆盆地）是北京市沙化土地和潜在沙化土地主要分布区，"十一五"期间，平原区共治理1.53万公顷沙地，建设防沙治沙示范区10处。虽然生态环境已有明显改善，但从总体来看，防沙治沙形势依旧严峻。按照《北京市"十二五"防沙治沙规划》，将以"三带"（永定河流域、潮白河流域、温榆河流域三条风沙治理带）、"两片"（康庄、南口两片风沙治理区）为治理构架，以沙尘治理为主对平原沙化土地进行全面综合治理。根据《北京市绿地系统规划（2007—2020）》，至2020年完成164万亩沙质耕地防风固沙林建设，扣除《北京市平原绿化三期工程规划》中已建成的100多万亩固沙片林，平原区还有42667公顷（64万亩）沙化土地亟须治理。

若将这42667公顷（64万亩）沙化土地全部用于造林绿化，全部成林后可使北京市平原地区森林覆盖率提高6.73个百分点。

5. 耕　地

北京市平原地区耕地主要为基本农田（14.54万公顷）和一般耕地（2.9万公顷）。一般来讲，造林绿化不应占用耕地，但为了落实平原地区造林工程的整体布局结构，远期可能会涉及部分基本农田的调整问题。根据《北京市土地利用规划（2006—2020年）》和《北京市绿地系统规划（2007—2020）》，确定在第二道绿化隔离范围内，可以通过对现状一般耕地进行植树绿化，新增林地面积约3333.33公顷（5万亩），同时，占用基本农田22800公顷（34.2万亩）。

若将26133.33公顷（39.2万亩）耕地全部用于造林绿化，可使平原地区林木绿化率增加4.12个百分点。

6. 环城绿化隔离带

为落实《北京城市总体规划（2004—2020）》，维护城市分散集团式布局，改善城市生态环境，市委、市政府自2000年做出了加快一道、二道绿隔和郊野公园建设等一系列重大决策部署。一道绿隔涉及城近郊6个区、26个乡镇的177个行政村和3个国有农场，规划面积241平方千米，规划绿地总面积156平方千米。至2011年年底，第一道绿化隔离地区已完成绿地总面积128.08平方千米，共栽植各类乔、灌木3000多万株，形成7个万亩以上的大绿色斑块。第二道绿化隔离地区规划总用地面积1650平方千米，实现绿化要达到60%以上。自2003年启动以来，全面完成163平方千米的规划绿化建设任务，完成新建绿化面积24.56万亩，栽植各类苗木2814万株，使二道绿隔林木绿地面积总量达443.7平方千米，形成26处千亩以上生态片林，建成了65条以河、路为主体的绿色走廊和生态景观带，形成了一批以旅游休闲、观光采摘为主的绿色休闲产业带。

《北京城市总体规划（2004—2020）》明确提出，要大力加强平原地区绿化建设，在规划新城之间建设绿色缓冲隔离带，重点建设第二道绿化隔离地区，使其成为控制中心城向外蔓延的生态屏障。第二道绿化隔离带扣除范围内所占用耕地和基本农田26133.33公顷（39.2万亩），尚有28496.67公顷（42.75万亩）待绿化，加上一道未完成的2792公顷（4.19万亩），环城绿化隔离带至少有31288.67公顷（46.94万亩）可用于生态建设。

若将31288.67公顷（46.94万亩）环城绿化隔离带全部绿化，可使北京市平原地区林木绿化率提高4.94个百分点。

7. 农田林网

农田林网作为平原地区生态基础设施建设的重要组成部分，在防风固沙、调节小气候、防御自然灾害、保障农业稳产高产和改善区域生态环境方面起到举足轻重的作用。截至"十一五"末，北京市平原地区共有林带29909条、面积22907.08公顷，农田防护林林网化率达到了95%以上。按照《北京市平原绿化三期工程规划》，到2020年，平原地区全部实现林网化，北京市平原区农田林网还有360公顷（0.54万亩）尚待建设。

若将360公顷（0.54万亩）农田林网全部完成建设，将使平原地区林木绿化率提高0.06个百分点。

8. 绿色通道建设

绿色通道建设是构成平原地区森林建设的骨架，对改善北京市生态环境、促进城市建设和经济社会发展、提升进京窗口形象具有重要意义。按照《北京市土地利用总体规划（2006—2020）》和《北京市绿地系统规划（2007—2020）》，可用于平原区造林的重要公路绿色通道共15146.67公顷（22.72万亩），沿铁路绿色通道可以增加1173.33公顷（1.76万亩）。扣除2007年以来对机场北线、京承路二期三期、京津高速第二通道、京津城际铁路、机场南线等新建的11条高速公路、铁路两侧绿化建设320公顷（0.48万亩），"五河十路"绿色通道建设工程5807.13公顷（8.71万亩），2011、2012年新建防护林带395公顷（0.59万亩），2013年京平高速平谷段、104国道、大广高速榆垡段、朝阳东坝环铁等防护林带1339.6公顷（2.01万亩），至少有9887.27公顷（14.83万亩）可用于绿色通道建设。

若将9887.27公顷（14.83万亩）道路景观林完全绿化，可使平原地区林木绿化率增加1.51个百分点。

9. 水岸景观林

按照《北京市绿地系统规划（2007—2020）》对平原区不同等级河道的规划标准，对绿化控制范围内已建成的建设用地原则上不再增加，对私搭乱建、占用绿地的现象予以改善，保证河道两侧永久绿带和绿化控制范围内的绿地，共建设水岸景观林 15086.67 公顷（22.63 万亩），扣除 2012 年及以前完成的滨河森林公园 7000 公顷（10.5 万亩），2013 年永定河、潮白河、北运河、蔡家河绿化 2096.27 公顷（3.14 万亩），还有 5990.4 公顷（8.99 万亩）待于建设。若将其全部完成，则可使北京平原地区林木绿化率增加 0.95 个百分点。

10. 村镇人居环境建设潜力

受经济发展和政策倾向等多种因素影响，"十一五"以来，城区绿化成效显著，但村镇绿化水平仍然偏低，与新农村建设目标要求差距还很大。因此，全面推进平原生态网络建设，村镇人居环境建设是关键。"十二五"期间，北京市实施城乡一体化建设，全面构建与世界城市和"三个北京"建设相适应的城镇园林绿化体系。根据《北京市平原绿化规划技术方案－省级规划附表》和《北京市平原绿化三期工程规划》，至 2020 年，北京市将推进 220 个，共 440 公顷村庄绿化，实施 42 个园林化小城镇建设，构建与北京市小城镇发展战略、梯次结构和功能定位相适应的乡镇公园绿地体系。按照每个村庄绿化 2 公顷的标准，至 2020 年，村庄绿化面积将新增 440 公顷；根据平原绿化二期工程园林化小城镇建设标准，待园林化小城镇绿化建设完成，每个小城镇可平均增加绿地面积 12 公顷，按此标准，至 2020 年，园林化小城镇面积将新增 504 公顷。

另外，按照《北京市城镇绿化"十二五"发展规划》，将开发和利用屋顶和建筑立面的空间资源，在规划期末通过对现状建筑屋顶、墙体、立交桥体等可绿化界面资源的梳理，分步实施立体绿化，实现北京可绿化界面 100 公顷。立体绿化使绿色在三维空间中得到延伸，能够解决建筑用地与绿化争地的矛盾。作为城市绿化的新方向，立体绿化今后必将扮演城市绿化领军者的角色。因此，"十三五"立体绿化将有更大的发展潜力。按照"十二五"标准，"十三五"将至少推进 100 公顷立体绿化。

根据上述分析，若将其全部绿化，则共可新增绿地面积 1144 公顷（1.72 万亩），使平原区林木绿化率提高 0.18 百分点。

11. 森林生态资源增加潜力

综上所述，若将上述各项土地绿化潜力完全挖掘开发后，则可以使北京市平原地区森林覆盖率增加 7.63 个百分点，林木绿化率增加 16.12 个百分点（表 3-1）。扣除 2012—2013 年春季百万亩已造林地面积后，共可以使森林覆盖率、林木绿化率增加 18.27 个百分点。

（二）湿地保护与恢复潜力

北京市在历史上是湿地资源非常丰富的地区，曾经河流、泉淀遍布。随着社会经济的快速发展，受人口膨胀、城市扩张等人为因素及气候趋干等不可抗因素综合影响，北京市湿地逐步萎缩、退化，甚至成为沙源地。据 2008 年全市湿地资源调查，北京市现有湿地总面积约 5.14 万公顷，较新中国成立初期的占市域面积的 15% 降低了 11.87%。平原区河流湿地主要位于永定河、潮白河和温榆河三大水系周边，库塘湿地大多集中于通州、顺义、海淀和平谷。由于长期的来水不足和大量承接城市污水，导致平原地区，尤其京东南地区地下水位下降、水质恶化、湿地面积缩减，总面积只有 3.07 万公顷。

表 3-1 森林资源增加潜力

林地类型	森林覆盖率（%）	林木绿化率（%）
宜林荒地	0.39	
废弃砂石坑	0.51	
腾退存量建设用地		4.36
防沙治沙	6.73	
耕　地		4.12
环城绿化隔离带		4.94
农田林网		0.06
绿色通道		1.51
水岸景观林		0.95
村镇人居环境		0.18
总　计	7.63	16.12

根据《北京市湿地公园发展规划（2011—2020）》，从加强北京市生态建设、建设宜居城市及实现区域可持续发展的长远战略出发，北京将针对湿地污染、萎缩及功能退化等问题走湿地保护和恢复重建并举之路。针对不同湿地类型进行科学规划、启动湿地恢复重建工程，在天然湿地附近结合周边景观资源营造群落式的景观林；在人工湿地周边因地制宜地选择适合树种，采取适当栽植方式进行绿化，通过湿地保护与管理、湿地自然保护区建设等措施，使大部分重要湿地得到有效保护，基本形成自然湿地保护网络体系。至 2020 年，北京市将新建 40 个区县级或市县级湿地公园，升级 2 个为国家级湿地公园，共增加湿地面积 5500 余公顷。同时，将全面实施恢复西玉河、昌平沙河等湿地重点保护工程。

2020 年后，北京市还将采取一系列对湿地资源的保护与管理工作，包括基底恢复、地形改造、植被恢复、水环境改善和湿地景观建设等工程以及完善湿地保护与合理利用的法律法规等措施，力争使退化湿地得到不同程度恢复和治理、天然湿地减少的趋势得到有效遏制，逐步提高湿地资源监测、建设管理体系等湿地管护水平，改善湿地质量，全面提升湿地生态服务功能。

（三）森林资源质量提升潜力

据最新森林资源二类调查数据，平原林地面积 165327.47 公顷，占全市林地面积的 15.80%。其中森林面积 144068.46 公顷，疏林地面积 192.16 公顷，灌木林地 1896.77 公顷。平原林木总蓄积量 705.74 万立方米，占全市总蓄积的 50.19%。从林分的年龄结构来看，中、幼林无论在面积还是在蓄积量上，都占较大比重，二者之和分别占81.68%和59.4%（表3-2）；从林种来看，平原地区用材林杨树所占比例最大。因此，从林业结构现状与生态功能关系角度分析，北京市林分结构不合理，单位面积森林固碳能力较低，森林碳汇能力差，林地生产力低，应对气候变化能力较弱，生态效能差。在今后相当长的一个时期内，全市森林经营和绿化攻坚的任务还十分繁重。

表3-2 不同龄组结构林分面积、蓄积统计表

龄 组	面积（公顷）	比重（%）	蓄积（立方米）	比重（%）	单位蓄积（立方米/公顷）
幼龄林	288656.95	57.23	4137182.77	29.42	14.33
中龄林	123299.00	24.45	4214993.26	29.98	34.19
近熟林	44507.53	8.82	1948922.50	13.86	43.79
成熟林	37193.72	7.37	2371153.29	16.86	63.75
过熟林	10686.28	2.12	1389146.36	9.88	129.99
合 计	504343.48	100.00	14061398.18	100.00	27.88

另一方面，平原造林绿化还存在诸多问题，如"五河十路"绿化带仍有大量的断带、残破现象；部分农田林网残缺不全，成过熟林较多，林网整体景观效果仍有改造空间，防护功能有待提升；河道绿化没有形成景观，生态服务功能差；乡镇、村级绿化水平不高等。因此，北京平原地区森林资源质量提升方面还有很大的潜力可挖掘。

为提升平原地区森林结构与质量，保障森林生态系统的稳定和健康发展，加强中幼林抚育，改善森林结构，提高单位林分蓄积量，提升森林资源的质量及景观功能，是今后平原地区林业建设的重点。

（四）生态产业富民潜力

1. 经济林果产业

据第七次森林资源二类调查统计，至2011年，北京市有经济林面积154570.60公顷，占全市森林总面积的23.46%，其中果树种植面积153728.17公顷，总株数9864.78万株；其他经济林面积842.43公顷。全市经济林组成以果树林和用材林为主。果树林中面积最大的为板栗，占29.26%，其次为桃，17.78%，大部分分布在平谷，面积比较大成一定规模的还有苹果、梨、柿子、核桃、仁用杏和鲜杏等。用材林主要以杨树为主。

制约经济林效益的自然属性首先是产量，从果树的生产期来看，全市果树林幼树期、盛产期、衰产期所占比例分别为19.97%、64.51%和15.52%。这说明全市的果树林结构比较合理，能在较长的时期内产生经济效益。但按经营等级划分，好、中、差所占比例分别为35.82%、61.52%、2.66%，经营情况一般，有待于加强经营管理。从用材林的权属类别来看，

个人所有用材林面积逐步增加，个人及其他权属面积分别占全市用材林面积和蓄积的59.65%和58.97%。这表明，北京市农业种植结构调整后，发展用材林已成为农民增加收入、脱贫致富的一条重要渠道。根据用材林各龄组中：近：成：过面积比为45：28：12：12：3，蓄积比为30：31：16：19：4来看，北京市用材林面积45%为幼龄林，龄组结构不尽合理，短期内还不能产生较大的经济效益。

综上分析，经济林产业已经成为北京市林业产业体系建设的重要组成部分，但全市经济林的生产优势还未充分发挥。为了进一步拓展经果林的富民能力，实现"双增"目标，需要制定产业发展规划，以市场为导向，以提质增效为核心，以基地化建设和文化园建设为重点，调整产业布局，提升产业化水平，逐步形成经济林种植区域化、良种化、标准化和产销一体化的新格局。重点建设"八带、百群、千园"，实施精品战略，加快建设标准化精品示范果园，扩大果树主导产品规模，全面提升果品质量，推进果品产业由数量规模型向质量效益型转变，并开展旅游观光采摘活动，增强产业富民能力。随着各项措施的推进实施及产业基地的建立，林果产业的富民能力将会得到更大的提高。

2. 种苗花卉产业

1）种苗产业

"十一五"期间，北京市立足全市绿化美化用苗，着眼整个北方苗木市场，改造完善了一批重点苗圃。"十一五"末，苗圃数量达到1086个，实际育苗面积达到9400公顷，年生产优质苗木2.51亿株，建成良种基地11处；建立和完善林木种子基地31处，1164公顷，建立特色种苗基地10个，933公顷。这些大规模基地的建立，一方面为城市的林业生态提供了苗木保障，另一方面，通过苗木交易，既带动了基地周边的产业结构调整，又增加了林户的经济收入。

"十二五"期间，平原地区将依据适地适树、最佳品种区域栽培的原则，发展以果苗、环境友好型速生树种苗木、特色阔叶树种苗木和花灌木为主的种苗体系建设，并着力加强基地建设。一是推进"首都增彩延绿科技示范工程"，建设彩色树种引种、驯化基地2~3个，彩色树种苗木繁育基地4~5个，彩色树种种质资源保存圃1个（表3-3），建设区域试验、推广示范区3个，彩色树种观赏示范园3个。二是建立重点标准化苗木基地18个（表3-4），形成生产规模化、育苗良种化、质量标准化和市场规范化的苗木供应主体，建设500平方米的林木种子加工、贮藏库4个，并分别配备必要的林木种子加工、贮藏设备。三是建设造型树种、大规格园林绿化苗木、生物质能源树种、容器育苗、花灌木苗木生产、水生植物培育等6类基地，打造特色林木种苗新的品牌形象。四要建立相关标准、产业名优名牌认证和骨干企业评选制度，对于经过认定的名优品牌、骨干企业给予重点扶持，培育20个具有影响力和竞争力的龙头企业，带动农户生产。

2）花卉产业

"十一五"期间，北京市花卉产业发展迅速，规模不断扩大，交易额迅速增长，已跻身全

表 3-3 彩色树种基地建设表

序 号	建设地点	面积（公顷）	建设内容
1	北京市黄垡苗圃	33	收集、引进适合北方地区生长的彩色苗木种质资源；开展彩色树种引种、驯化的技术研究；彩色树种苗木繁育
2	顺义区胖龙园艺公司	60	开展彩色树种引种、驯化的技术研究；开展彩色树种繁育技术研究示范工作
3	北京市紫薇等夏季开花树种良种基地	10	开展彩色树种繁育技术研究示范工作
4	北京磊磊园林工程有限公司	25	彩色树种苗木繁育
5	北京市通州区园林绿化局苗圃	10	彩色树种苗木繁育

表 3-4 重点标准化苗圃建设表

序 号	区 县	苗圃名称	面 积（公顷）
1	房山区	韩村河东营农场	23
2	昌平区	马池口镇畚斗屯村苗圃	40
3	怀柔区	北京绿都园林设计有限公司	26.7
4	延庆县	北京延庆风沙源育苗中心	40
5	平谷区	平谷区园林绿化局苗圃	33.3
6	门头沟	北京林坤园林绿化有限公司	26.7
7	通州区	北京市通州区林场	20
8	大兴区	北京市大兴区苗圃	20
9	顺义区	北京顺丽鑫园林绿化工程有限公司	60
10	海淀区	美亚园林绿化有限责任公司	60
11	丰台区	北京南宫恒达园林绿化工程有限公司	50
12	朝阳区	北京三元绿化工程公司	60
13	市属苗圃	北京市温泉苗圃	45.3
14	市属苗圃	北京市大东流苗圃	188.6
15	市属苗圃	北京市黄垡苗圃	161.8
16	市属苗圃	北京市蚕种场	38
18	市属苗圃	北京市昊林苗圃	45
合 计			938.4

国三大花卉消费中心。2010年，北京市花卉种植总面积达4700公顷，建成现代化花卉生产智能温室107.5万平米、节能日光温室和大棚600多公顷，高档盆花生产示范基地160多公顷。此外，部分县镇还将花卉产业与生态旅游结合，扩展花卉产业的发展方向，不仅带动了花卉的种植，又使花农明显增收。

"十二五"期间，北京市将构建融生产、生活、生态、科研、示范、观光休闲和生态文化服务等多种功能于一体的"都市型现代花卉产业"。根据花卉产业的发展速度推算（表3-5），到2020年，北京市花卉生产面积将增加到18000公顷，年销售量达34.6亿元；年交易额将达200亿元。

表3-5　北京市花卉产业发展趋势分析

项　目	"十五"末	"十一五"末	"十二五"末	年均增长额
花卉生产面积（公顷）	3104	4700	12700	640
年销售收入（亿元）	7.25	14	25	1.2
年交易额（亿元）	52.89	100	150	6.5

可以预见，随着苗木基地的建立和花卉面积的剧增，苗木与花卉产业必将迎来更大的发展，老百姓将会从中得到更大的收益。

3. 蜂产业

"十一五"期间，北京市蜂产业按照《北京市"十一五"时期园林绿化发展规划》的总体要求，以"建设生态产业，实现养蜂富民"为目标，坚持"六抓"，实现了蜂业生产的高质量、高产量、高收入发展，"蜜蜂养殖业、产品加工业、授粉业、蜂疗保健康复业和蜜蜂文化旅游观光业"五大产业新模式基本形成，蜂产业在"三农"和生态建设中的作用越来越重要，成绩显著。五年间，京郊蜂产业虽然呈现快速发展的态势，但与发达国家和国内先进省市相比，还存在一定的差距：一是产业重视程度不够，政策扶持力度小；二是标准化生产规模偏小，质量安全监管体系不健全；三是产业化程度不高，技术力量薄弱；四是蜂产品附加值不高，市场监管力度不够；对蜜蜂授粉重视程度不够。可见，在人们保健意识逐步增强的前提下，蜂产业的富民能力还有很大潜力可挖。

根据《北京市"十一五"时期园林绿化规划》和《北京市蜂产业"十二五"规划》，北京将继续大力发展蜜蜂养殖规模，加强蜂业生产基地建设、产品加工业、授粉业、蜂疗保健康复业和蜜蜂文化旅游观光业，按其规划标准推算（表3-6），至2020年末，全市养蜂数量将达到34.5万群，新增无公害蜂产品加工基地9个，有机蜂产品生产基地16个，有机蜂产品加工基地6个，蜜蜂良种繁育场5个、蜜蜂文化科技观光园4个；加大蜂业科技攻关力度，建设蜜蜂病虫害防控体系，使蜜蜂病虫害发生率降低到3%以下；组建北京蜂业集团，实施蜂产品养殖、加工、销售一条龙工程，实现养蜂年总产值2亿元，加工产值15亿元，出口创汇

1200万美元，蜂农户均收入达1.2万元。

表3-6 北京市蜂产业发展趋势

项　目	"十五"末	"十一五"末	"十二五"末	年均增长
蜂群数量（万群）	16.5	23.7	30	0.9
无公害蜂产业加工基地（个）		4	6	1
有机蜂产品生产基地（个）			10	2
有机蜂产品加工基地（个）			4	0.8
蜜蜂良种繁育场（个）		2	4	0.6
蜜蜂文化产业科技观光园（个）		2	3	0.5
蜂疗保健康复基地（个）			3	
养蜂年总产值（亿元）		2	2	—
加工产值（亿元）		15	15	—
出口创汇（万美元）		2000	2000	—
蜂养殖户均收入（万元）		1.2	1.2	—

4. 林下经济

自2007年，北京市紧紧围绕富民增收的主题，开展林下经济建设，至2011年已在12个区县示范推广林菌、林禽、林药、林花、林桑、林草、林粮、林蔬、林油、林瓜十种林下经济典型模式。

结合北京郊区林业和林地实际情况，各区县重点推广近自然和仿野生食用菌、中草药、芳香类植物，初步形成了以林下仿野生食用菌、仿野生中草药、林缘玫瑰、芳香类植物为主要内容的林下经济产业体系。主要在房山、顺义、密云、延庆等区县开展了以林下中草药、林下仿野生菌、林缘玫瑰、治沙植物新材料示范、芳香类植物等为主要内容的示范区建设，完成建设面积7230亩，通过这些典型的示范辐射带动周边林下经济发展。截至2011年年底，全市林下经济累计发展面积31万余亩，总产值近17亿元，带动8万多户约29万余人就业。

依据《北京市园林绿化局关于进一步推动林下经济发展的意见》（京绿造发〔2009〕4号），"十二五"期间，平原地区将着力建设循环经济产业群，全力推进生态环境建设与区域特色产业开发、农民增收、区域经济发展结合，实现林下经济建设的经济和生态双重效益。建设区域重点在通州区、大兴区和朝阳区、丰台区、海淀区、顺义区和昌平区平原乡镇，以生态治沙片林为依托，在林下和林缘重点发展食用菌、沙地饲料桑、香草标准化生产，打造以循环经济产业链为主题的绿色产业园和观光园。重点发展林菌、林油、林桑三个方向。

（1）林下食用菌。利用平原区内郁闭性较好的治沙片林、经济林、部分生态林等，进行适宜的人工和仿野生食用菌产业群建设。以丰富生态涵养区林下物种为主要目的，同时发展双孢菇、平菇、黄背木耳、香菇、草菇、鸡腿菇等名贵大型食用菌，增加农民收入。

（2）林下、林缘油用植物。在平原区和浅山区，依据特殊的气候环境，结合循环经济和观光、旅游产业，利用林下或林缘空闲的土地资源，大力发展耐阴性油用植物，如油用玫瑰、芳香油植物、油葵等，改善生态景观，增加生态涵养功能和农民经济收入。

（3）林下、林缘沙地桑。依托丰富的林地资源，在平原区发展高蛋白营养饲料桑等沙地桑，并与观光采摘、养殖业紧密结合，研发形成相互依托、相互促进的沙产业经济。

根据《北京市园林绿化局关于进一步推动林下经济发展的意见》，全市"十二五"期间初步建成循环经济产业、休闲观光产业和仿野生、近自然产业3个产业群；重点推动林下食用菌、芳香油类植物、沙地桑、中药材等4个发展方向，推广林花、林草、林药、林桑、林粮、林蔬、林瓜、林油、林禽、林菌10大模式。完成20万亩林下经济建设，主要包括林下种植10万亩（主要有林油3.5万亩、林药5.5万亩、林桑1万亩），林下养殖1万亩，其他9万亩（养殖、林草、林蔬等）。建设100个林下综合产业基地（14处林下产业园，86个林下产业园）。按照2011年的收入标准，新发展的20万亩林下经济，将为农民增收11亿元。

5. 绿岗就业

北京市紧紧抓住绿色经济发展的契机，在全市启动了绿色就业行动计划，努力开发从事环境和生态保护工作的直接性绿色岗位、从事绿色产品生产和服务的间接性绿色岗位以及从事治理污染等领域的绿色转化岗位。各区县结合区域功能定位、经济发展方式转变和产业结构调整，有针对性地开展本地区的绿色就业工作，取得了较好的效果。昌平区结合资源优势和区情实际，坚持把发展生态产业作为促进绿岗就业的重要抓手，以世界草莓大会为契机，发展规模特色产业带动就业，实施精品服务促进就业；朝阳区大力发展绿色生态农庄、现代休闲农业、特种养殖基地、绿色食品配送基地等都市型现代农业，提供了大量的绿色就业岗位；密云县、延庆县结合县域生态文明建设，积极发展绿色生态产业拉动绿色就业，保洁保绿、养山护水、植树造林、生态旅游，绿色产品生产岗位带动就业效果明显。2011年，全市新开发绿色就业岗位2.45万个，帮助1.63万名城乡劳动力就业，实现了促进就业与经济发展的良性互动。

随着中国特色世界城市、绿色北京行动计划的深入实施和北京市"绿岗就业"政策的逐步完善，通过发展绿色产业，吸纳农民参加造林绿化和林地的养护管理，可直接解决农民就业10万人以上。另外，在发展都市型现代农业、乡村生态旅游的同时，绿色产品生产和服务的间接性绿色岗位及治理污染等领域的绿色转化岗位，将会吸纳更多劳动力绿岗就业，终将产生显著的生态、经济和社会效益，有力推动平原区经济发展方式的转变。

（五）林业游憩资源开发潜力

随着经济的快速发展和人民收入水平的不断提高，城市居民回归自然、体验民俗风情和感受乡土文化的需求迅猛增长。然而，北京市的森林游憩资源主要集中在西北部山区，东南部平原地区游憩资源过少，且多数为观光采摘，季节性较强，兼具生态防护、景观游憩功能的开放式大型生态景观林也偏少，造成京东南地区居民日常休闲缺少足够的绿色空间。因此，以平原造林绿化工程为契机，大力发展郊野公园、森林公园、湿地公园、自然保护区等集科普教育、休闲观光、旅游度假等多功能于一体的生态游憩资源，对满足北京城区和本地区居民就地游憩的需求，减缓由于周末和节假日旅游造成的交通拥堵问题具有重要意义。

1. 郊野公园

北京市郊野公园环正在积极推进，截至2011年年底，全市郊野公园数量已达到81个，总面积8.5万亩。《北京市绿地系统规划》提出在中心城区外围建设北郊森林公园、南郊生态郊野公园、东郊生态休憩公园、西北郊历史文化公园四大郊野公园。按照北京市"要把100多平方千米绿地建设成为城市放假休闲的大公园"的指导思想和《北京城市总体规划》最终实现"一环、六区、百园"的空间布局要求，平原区郊野公园的建设潜力巨大。

到2012年时，西北郊历史公园、北郊森林公园群已初具规模，以大兴区"南苑"、三海子麋鹿园及现代农业观光园等为基础的南郊生态公园，以顺义、通州区内温榆河、潮白河、古运河及沿河风景带和绿化带为主要景观的东郊滨河游憩公园建设将是生态游憩地建设的重点。

2. 湿地公园

平原地区百万亩造林工程中的湿地保护建设包括河流、池塘、水产池塘等湿地恢复建设及砂石坑治理，根据《北京市湿地公园发展规划（2011—2020）》，北京将针对湿地污染、萎缩及功能退化等问题走湿地保护和恢复重建并举之路。至2020年，新建40个区县级或市县级湿地公园，升级2个为国家级湿地公园。借此机会，平原地区要建设、恢复、保护和完善汉石桥湿地公园、翠湖湿地公园、稻香湖湿地公园、园博园湿地公园、王辛庄湿地公园、五河交汇湿地公园、台湖湿地公园等关键湿地生态区。同时，大力开展雨洪利用，利用农村地区的坑塘、砂石坑、低洼地和老河湾等水资源，营造乡村优美的水环境。修复中心城13个城市湖泊生态系统，逐步恢复御河、金河和高水湖等具有重要历史意义的水系，再现京城历史水系风貌，彰显文化价值。结合再生水与雨洪水的利用，建设河流湿地，形成河道、湖泊相互连通的众多水域，最终使全市形成"一个内城河湖、三大生态河流、五大水系贯通、多处湖泊湿地，城市河湖有水则清、无水则绿，彰显文化、和谐宜居"的水环境格局。

3. 其他特色生态旅游潜力

依托丰富的历史文化资源、多样的自然景观资源和森林资源，北京城郊地区生态文化旅游产业，包括历史文化、乡村文化等生态旅游产业正在蓬勃发展，不仅实现了良好的生态效益，而且为当地果农带来了很好的经济效益。据统计，2010年京郊开放果园有1114个，面积达到51.4万亩，年接待游客904.7万人次，同比增长22.0%，采摘果品总量达4163.8万千克，采摘直接收入达3.3亿元。

最具有代表性的是山区沟域经济，它以山区沟域为单元，以其范围内的自然景观、文化历史遗迹和产业资源为基础，以特色农业旅游观光、民俗文化、科普教育、养生休闲、健身娱乐等为内容,通过对沟域内部的环境、景观、村庄、产业统一规划,建成内容多样、形式不同、产业融合、特色鲜明的具有一定规模的沟域产业带,以点带面、多点成线、产业互动,形成聚集规模,最终促进区域经济发展、带动农民快速增收。但与山区相比,平原地区特色生态旅游则较为薄弱,主要以季节性的观光采摘为主,缺乏对其范围内的自然景观、文化历史遗迹和产业资源统一考虑来开发。因此,为打破山区平原地区特色生态旅游资源的不均衡性,充分利用平原地区的片林,大力发展标准化精品示范果园、观光采摘园、民俗旅游、"农家乐",建设现代农业示范区、设施农业观光园,打造具有平原特色的集民俗文化、科普宣教、休闲体验于一体的特色生态旅游将是平原地区未来发展的重要方向。

第四章

国内外平原森林建设的经验与启示

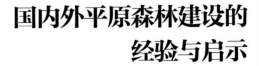

城市森林建设理念起源于北美，在世界各地均有发展实践。在城镇密集、人口集中、生产生活用地紧张的平原地区开展城市森林建设，对土地利用平衡、造林模式选择、林地空间配置、资金政策支持等各个方面都是巨大的挑战。因此，借鉴各地区城郊平原森林保护、建设和利用的模式经验，能够为北京平原森林发展提供有益的参考。

一、案例分析

（一）建设模式

1. 北美城市郊区的平原森林

总体来说，北美城市郊区平原的自然景观资源比较丰富，城镇散落在农田、草场与森林之间。

（1）城郊平原区大型成片的森林资源很普遍，一般保护得都很好，野生动植物也比较丰富，同时是当地休闲娱乐的好去处。

（2）北美平原区对水源和水土流失的问题比较重视，所以河流沿岸地带都有绿色的植被。

（3）州际公路镶嵌在一望无垠的农田和草场之上，与国内高速路不同的是，路边大部分不是浓密的隔声绿化，视野比较开阔，大部分是草皮绿化和稀疏的树木。

（4）村镇绿化主要分商业区（downtown）和居民区（residential area）两部分。前者主要是街道绿化，一般是街道两边植树，同时会有时令的悬挂花篮的装饰；后者就是自家的前庭后院的美化，一般家里都有小花园，每家都是不同的风景画。

2. 欧洲城市郊区的平原森林

欧洲本身的地理位置与气候条件相对来说比较优越，森林与农田、草地牧场、村镇、城市等景观交错镶嵌分布。

（1）平原区保留着分布比较均匀的大型森林，少则几十亩，多则上千亩，是森林的主体，也是生物多样性保护、森林游憩、采摘野果和蘑菇的主要场所。

（2）河流呈现自然的状态，沿河两侧保留有几十米不等的自然河岸森林植被带。

（3）片林与河岸森林廊道相连成网，构成了动植物栖息的重要场所和迁徙的生物廊道。

（4）高速公路沿线保留几米不等的植被带，或为灌木或为自然树木，没有刻意的人工造痕迹，并且在穿过重要的林地时，通过架桥或者建设天桥保留生物来往的通道。

（5）村镇周围及其内部，森林树木与具有本地特色的建筑相拥，处在树木掩映之中，庭院栽植花草树木，窗台阳台摆放矮牵牛等各色花卉装饰。

3. 南美城市郊区的平原森林

巴西、阿根廷等南美国家地广人稀，城市郊区土地的利用主要以森林、草地为主。在阿根廷首都布宜诺斯艾利斯，郊区保留有大面积的森林、草地，甚至有些"荒芜"之感（图4-1）。

（1）城市郊区以保留的大面积自然林为主。

（2）河流处在自然状态下，自然的河流湿地面积比较大。

（3）道路沿线很少有人工营造的防护林，与周边景观基本一致。

4. 亚洲城市郊区的平原森林

亚洲国家城市发展很不平衡，同时由于所处气候带和国土自然环境的差异，城市郊区平原景观也呈现不同的特点。

（1）对于海岛型国家的城市，如日本的东京、韩国的汉城以及东南亚的许多国家城市。城市环境主要依托山地森林资源和海洋。日本城市公园数量多，分布比较均衡，而且很多公园都是以树木森林为主形成的森林景观（图4-2）。

（2）大陆国家的滨海山地城市，典型的城市如我国的大连、青岛、厦门、广州、深圳、香港，城市森林发展模式比较类似，由于山地森林和河流、海洋湿地为城市环境提供了足够的环境容量，因此，这些城市平原区主要以村镇周边森林为主，平原造林主要是防风功能。

（3）对于一些滨海平原城市，湿地资源丰富而森林资源相对缺乏，典型的城市如我国的上海。由于人口众多，对土地的依赖性强，城市郊区土地大部分被开垦为农田。随着城市化的发展，这些农田也逐渐被转化为森林绿地或者具有游憩景观功能的生产性绿地。

（二）政策法规

1. 国外相关政策法规情况

1）英　国

在欧洲，最早接受城市林业概念的国家是英国。1938年颁布的《绿带法》中规定：在伦敦市周围保留宽13～24千米的绿带，在此范围内不准建工厂和住宅。1995年成立了一个非官方的城市林业研究机构——国家城市林业协会（NUFU），该机构主要是为了将树木种植、

图 4-1　布宜诺斯艾利斯郊区乡村景观

图 4-2　日本东京石神井公园

土地开发、城市建设、遗产保护和教育等进行联合管理。具体措施主要包括：

——注重制定高起点的绿化发展战略。其主要建设目标有五个方面：繁荣的城市、宜人的城市、便捷的城市、公平和绿色的城市。为此制定了保护生物多样性的战略和行动计划，试图通过这一战略取得经济、社会和环境效益的平衡，增加人们对自然绿色空间的可达性。

——注重规划建设不同层次的公园，组成科学合理的绿地系统。其除拥有一些具有历史价值的海德公园、圣詹姆斯公园等皇家公园外，还拥有100多个小社区公园和私家花园，而最重要的是在这些大型古老的公园内拥有较高的生态价值。同时，伦敦还有超过7000英亩的林地，城市的各级绿地形成了一个严密的绿化网络。值得一提的是，在绿地规划中运用地理知识，顺着大气的风向建设带状绿地，保证了城市的风道畅通并把郊区的清新空气引入城市，有效降低市中心的热岛效应。

——注重规划建设和保护面积庞大的环城绿带。据1997年英国全面调查的数据表明：全国经由结构规划确认的绿带共有14个，覆盖面积达到165万英亩，大约占国土面积的13%。

——注重对绿地生物的保护规划，因地制宜地发展各种形式的绿化。伦敦绿地配置了从低矮灌木到高大乔木的良好生物群落，而河道、池塘和湖泊等自然环境与绿地充分结合，充分保护了乡土物种和人为影响下的自然进化种类。

欧美许多国家在绿化建设过程中非常注重本地乡土树种的使用与保护，从而使整个城市森林生态系统的主体具有地带性植被特征，保证森林生态系统的健康稳定。国外城市都非常重视郊区以及远郊区的森林保护，形成森林围城的大城市生态发展格局，各大都市森林的周边地区保存着成片的自然林，城区也有成片的大型森林，同时非常注重提高整个城区的树冠覆盖率，城区内部有成片的大型森林斑块。

2) 瑞　典

瑞典的城市森林主要有以下5种类型，并采用不同的经营方法。

——住宅、建筑附近的树林：多数居民乐意在接近自然的环境居住，但如果过分靠近树林可能会感到不舒服或产生不安全的感觉，因此采用一种称为"异龄灌木矮林作业"的方法，在住宅与森林间造成过渡性的边缘，一般在30米左右。

——住宅区森林：是最临近住宅、老人与儿童经常光顾的城市森林类型，森林经营作业主要考虑如何使这类森林更能适合他们。城市绿地基本属于该类型。该类型一般特别注重边缘的设计，城市森林边缘保持较复杂的结构、有乔灌木树种的混合，可提供更多的动植物生存的环境。

——区域性的城市森林：20世纪60～70年代建设的住宅区远离老城，建筑区之间保留了中等大小的森林，城市居民经常光顾。居民比较喜欢的是开阔地带的森林而不是密林，因此，传统森林经营方法面临挑战。其主要的措施是在小面积的森林中采用小规模的经营技术，尽可能提供更多的森林类型以供居民使用。

——休憩性质的森林：一般面积超过60公顷，不同类型间逐渐变化，一般每0.5公顷设计一种变化，提高森林的观赏性。

——生产性的森林：对此类森林经营主要采用获得较高木材生产同时满足森林多种用途的经营方式。

3) 德　国

德国林业法律法规健全，并认为林业政策是一个国家政策。德国有关林业的基本法律由联邦森林法和各州森林法组成。1975年制定了《德意志联邦共和国保持森林和发展林业法》。1971年颁布了《城市建设促进法》，1976年颁布了《自然保护及环境维护法》，从法律上保证了城市园林绿地建设和自然风景的保护，国家、州、地方政府对发展公园绿地给予财政补贴，各地议会把增加绿地作为任期内实现的目标之一。在联邦及州的森林法中，有些出于对森林保护、健康和持续经营等方面的规定。如：

——要求联邦和州拥有的国有林要榜样性地经营；

——要求森林的经营首先是要保护和维护原有森林的自然状况；

——禁止引种国外树种造林；

——禁止砍伐死亡的树木；

——森林的经济效益必须服从生态和旅游效益；

——森林采伐只能采用小面积皆伐或择伐等。

自1983年以来，德国一直在执行《挽救森林行动计划》，该计划主要内容是：改善空气质量，强化林业措施，研究森林灾害，实施经常性的森林状况监控，采取资源安全措施。城市森林的树种主要是乡土树种，基本都是高大的落叶阔叶树，例如栎类、悬铃木、杨树、核桃、欧洲山毛榉等，这完全符合德国的气候。

德国十分重视森林资源保护，其1/3的森林面积划为特殊保护林，用于保护特殊树种、植物、野生动物等。对于保护林，不论是哪种所有制形式，只要有规划，政府都会对其实际损失部分给予补偿或补贴。森林保护规划由林业和环境保护部门制定，损失也是由他们组织评估并同林主协商谈判，补偿补助资金由公共财政负担。对于保护林，一般采取三种保护措施：一是依据有关法律，通过行政手段强制要求经营者无偿保护；二是由政府公共财政对林主开展的生态和环境保护活动给予补助并提出要求。如欧盟为了解决农产品过剩问题，通过支持各国将耕地和草场转化为林地，以减少粮食产量，鼓励植树造林和种苗培育。对于林主将非林地转化为林地的造林，不仅可以得到本国政府的资助，同时，也可以得到欧盟的补贴。补贴内容和标准各州之间有所区别。如肯普滕州，对于更新造林和荒山荒地造林，规定按面积和树种给予补助，最少3500欧元/公顷，如槭树可得5000欧元/公顷，包种苗和人工劳务费。对于退耕、退牧还林，且发展混交林（纯林不给补助）的，给予连续20年的补助，每年200～800欧元/公顷（分年支付），平均大约5000欧元/公顷，约合成本的70%左右。补偿金中，50%由欧盟资助。同时，对于林木种苗培育，各州都有补助。如图林根州补助标准为1000欧元/公顷，肯普滕州对于私有林母树补助标准为25欧元/株。

4）日　本

日本有关绿化管理的法律主要有：1920年制定的《城市规划法》、1933年制定的公园规划标准、1956年制定的《城市公园法》。1956年以来，日本政府多次颁布法令，制定计划推动城市绿化工作。迄今为止，其绿化管理法律制度已经比较完善，覆盖了城市建设、绿地保护、风景区建设、生产绿地、古都风貌保护等各个领域。日本有众多涉及城市森林的相关法律法规，例如《保护树木法》《城市绿地保护法》《工厂绿地法》《城市规划法》《绿色综合规划编制纲要》等等，管理法律制度层级清楚，内容详细具体。

日本的绿化管理法律制度主要分三级：即一是法律，即经国家立法程序制定后颁布（由国会通过），如《城市公园法》；二是"政令"，由内阁会议（相当于我国的国务院）制定，如《城市公园法施行令》；三是省令，由建设省（相当于我国建设部）制定颁发，如《城市公园法实施规则》。同时，其法律制度框架也比较完善，主要体现在：

——在公园建设方面，《城市公园法》《城市公园等建设紧急措施法》对城市公园的设置标准、分布距离、绿地面积及园内建筑物的限制等方面作了规定。

——在绿地保护方面，《城市绿地保护法》《首都地区近郊绿地保护法》对绿地保护区的确定以及对保护区内的行为作了限制，以确保城市绿地免受侵犯。

——在风景地区方面,《自然公园》《城市规划法》对设立的国立公园和自然公园都加强了管理,并在城市规划中对市街地的有效空间保护进行了规定,还把公园、绿地和广场规定为绿化的必要区域。

——在生产绿地方面,《生产绿地法》对城市附近具有环境功能或具有多种用途的土地,以及正在供农、林、渔业的用地保留为生产用绿地。

——在工厂绿化方面,《工厂绿地法》规定:新建厂应有20%的绿地,改建厂要有15%~20%的绿地,并规定在工厂区与市街地间要设防护地带。医院绿地应占医院总面积的20%~30%,学校绿地应占校园总面积的20%~30%。

——在保护指定树木和树林方面,《关于维护城市景观的保护林木法》规定保护树木必须设置标志、建立档案,市町村长应给予必要的援助。

——在开发区内绿地的保护方面,《城市规划法》规定开发新住宅区市街地实行准则,原则上要求开发1公顷以上的土地时,对高10米以上的树木或高5米以上,面积300平方米以上的树林采取保护措施。

《绿色综合规划编制纲要》(1977)提出的规划目标:城市绿地的标准,原则上绿色综合规划中必须确保的绿地标准是占市区区域面积的30%以上,其中公共绿地不论规模大小均参加计算,而其他绿地若在市区区域内须在0.2公顷以上,在其他区域的须在1公顷以上。

日本对绿化标准规定比较具体。如:

——人均占有城市公园面积标准:在市、町、村区域内,居民人均占有城市公园(包括城郊)面积应为6平方米以上,在市、町、村的城市范围内,每人应为3平方米以上。

——地方公共团体设置公园的布局也要有规模标准:专供儿童活动的城市公园以250米作为服务标准进行部署,而占地面积则以0.25公顷为标准;供附近居民活动的公园,其服务半径的标准为500米,占地面积以2公顷为标准。

——国家设立城市公园的布局、规模、位置与区域也有一定的标准:服务半径不超过200千米,并考虑周围的人口和交通条件等;占地面积大致为300公顷以上;尽可能选择有良好自然条件和历史意义的区域。

——城市公园设施的设置标准及允许建筑面积的特例:公园建筑的占地面积不得超过公园总面积的2%;城市公园内的图书馆、陈列馆等的建筑面积可超过2%的标准,但不能超过5%,面积在4公顷以下的城市公园除外,而且在城市公园内设立的不超过3个月的临时建筑面积也可以超过2%。

反映进入人视野范围内的绿化带数量的"绿视率"指标也被日本多地地方政府引入城市建设中。

日本的具体规划措施,执行有力。如:

——五年一个计划,确保绿化建设持续进行。在《城市计划法》《城市绿地保护法》等法律的基础上,已制定了5个五年计划,不仅逐渐加大政府的投资力度,而且还要求各都道府县必须在国家五年计划的指导下,采取对区域内的绿地保护区设置标志等措施,并对本区域内的绿地保护有一个更加具体明确的规划——城市绿地系统由公园、行道树、街头公园、树林、草坪等组成并与建筑、道路、水体等有机地融为一体。

——执行规划严格到位。日本的森林面积占其国土面积的68%，而且其森林质量在世界上名列前茅。工程措施和生物措施紧密结合是日本治山的根本方针，且治山有专项立法，其治山计划体系周密、审批程序严格。国家的每个治山计划都要经过内阁决议和中央森林审议会质询；而地方各级政府的治山计划也要经过当地政府审议，各级政府都有实施治山的部门机构，从中央林业厅下的治山课到基层营林署的治山系，层层负责，专门在规划指导下管理治山工作。

总体来说，日本在城市生态建设上创造了成功的日本模式，即以中小城市为主，城区大力发展精细日式园林、公园绿地和人文遗产绿色保护地等，建构第一生态圈；第二生态圈为优美的农村田园风光；第三圈为山地森林生态屏障，它靠四通八达的交通绿网相联结。生态建设背后有强大的日式生态文明作支撑。

5）新加坡

新加坡是名符其实的森林城市，其绿化覆盖率接近整个国土面积的50%。从20世纪70年代开始，《公园与树木法令》《公园与树木保护法令》等一批法律法规先后出台。政府加强绿化宣传教育，提高全名绿化意识。其中有如下要求：

——任何部门都要承担绿化责任，没有绿化规划，任何工程不得开工。

——在建设新房时，建筑物只能占计划用地的35%，其余65%都用来绿化。道路和建筑物之间留下15米宽的空地用来种植花草树木，以便有众多的花园、草坪点缀城市。

——任何人不得随意砍树，包括自家土地上的老树。住宅区的绿化必须达到总用地的30%～40%，住宅楼须距马路15米以上。

——在规划管理中，要求报审的施工图中增加园林绿化设计；1年内不开工的土地必须绿化。

——所有的广场都要有30%～40%的绿地，新修建的道路必须要有4米宽的隔离带和2米宽的侧方绿化带，次级的道路也要有1.5米宽的侧方绿化带。

严格执行居住区住宅绿化指标。住宅绿化规定：

——公寓型房地产开发项目，建筑用地应低于总用地的40%，而绿地要占60%。

——在每个房屋开发局建设的社区中要有一个10公顷公园。

——楼房居住区500米范围内要建有一个1.5公顷的花园，以保障居民有休闲、散步的去处。

新加坡是采用管理委员会模式的典型代表，并在《国家公园条例》中对管理委员会做出了明确界定，即"管理委员会"是根据1996年7月1日前实施的现已撤销的《国家公园条例》（1991年版）建立起来的。

新加坡良好的园林景观除了得天独厚的地理条件外，在植物垂直配置和养护管理方面有独到之处。新加坡的绿化品种非常丰富，主体为乔木，其次为灌木、亚灌木和草坪。同时在相对稳定的生态群落中,为增加花色,并降低养护成本,在绿地中种植了开花乔木、小乔木和灌木以及低维护的多年生草本花卉,政府十分注重植物的绿化配置与养护管理相结合。国家还大力推广屋顶花园、空中绿地、园箱式种植等园林绿化建设。而在管理养护上,以保持自然风貌为主,整个园林景观亲切、自然而不会给人平板规整的感觉,并充分利用边角荒地进行绿化,使之成为连接公园与居民区的纽带。同时,该国对公园和树木的养护管理也通过法律法规进行规定。

6) 美　国

在美国各州及大中型城市中,政府设有专门的管理部门或绿化管理机构,其主要职责是拟定植树计划,规划城内公园、校园、墓地和其他公共场所的植树方案,制定执行树木与绿化管理法令。

美国有关绿化管理方面的法律主要有:1894年颁布的《黄石公园保护法》、1897颁布的《森林管理法》、1964年制定的《公共用地多目的利用法》、1966年通过的《联邦补助道路法》以及1978年制定的《森林和牧地可更新资源法》等等。美国于20世纪70年代制定法律,正式将城市森林纳入农业部林务局管理,解决市民植树技术和资金方面的困难。1990年,美国农业部建立林业基金专户,用于保证城市森林计划的顺利实施,还成立全国性的城市和社区森林改进委员会,拨专款促进城市森林计划的实施。美国绿化管理经费运营特点是法制和行政并举,形式多样。国会有专门的机构负责绿化,主要任务是立法和审批联邦政府的绿化预算。美国85%的土地面积系私有,其法律规定:任何私人宅基地在建房前都必须规划预留一定比例的土地用于绿化、植树和种草,确保绿化率,否则造房计划不予批准。私有土地的营林资金主要由经营者自己解决,国家只出一部分用于扶持。

美国有一项全国开展"树木城市"发展计划,美国林学会也提出城市树冠覆盖率发展目标:密西西比东及太平洋东西部的城市地区,全地区平均树冠覆盖率40%,郊区居住区50%,城市居住区25%,市中心商业区15%;西南及西部干旱地区,全地区平均树冠覆盖率25%,郊区居住区35%,城市居住区18%,市中心商业区9%。同时对停车场等也提出了树冠覆盖率的建议。

美国城市生态建设的特点:一是注重生态廊道建设,很多城市都有以河流或沟谷为本底的野生动物迁徙或栖息地,并有半野化灌丛和草地作为人与动物生态过渡区。二是森林文化(当地称"树文化"),从"生命"和"爱"两个层面对森林文化作了全新诠释,尊重树木、热爱树木。

7) 巴　西

在巴西,政府为了保护自然环境不被破坏,专门出台了一项世界少见的重罪——"破坏大自然罪",而所有法律中只有"种族歧视罪"与之相当。企业建造厂房要留下足够的绿化空间,而当地的居民如果在自己的庭院内种树铺草坪,还可以按照绿化的面积减免房屋的物业税。

巴西政府先后颁布了《环境保护法》和《亚马孙地区生态保护法》。法令明确指出,"国家发展规划中要对自然环境遗产进行妥善保护，以保证、改善和提高人们的生活质量及环境质量，造福子孙万代"。2012年通过的新《森林法》还规定：

——在河道两岸必须保留30米宽的原有植被。如果河岸两边没有植被，至少要保留10米宽河岸作为保护区。如果已经在河岸30米内的保护区从事了农业开发，必须依法退耕还林，恢复的林地至少应有15米宽。违反上述规定的土地所有者将受到法律制裁。

——亚马孙地区的农场和牧场，必须保留至少80%的原始森林。

——在稀树草原地区开发农业，必须保留35%的原始植被；其他农业地区，原始植被必须保留至少20%——新《森林法》将这些列为"永久保留地"，今后不得开发利用。

巴西圣保罗市政府对城区绿化有严格规定，一般性城区不得低于50%，而在官邸所在的美洲区美国大道，建筑物限高10米，临街间距30米，绿化面积必须达到60%以上。

8) 澳大利亚与新西兰

澳大利亚、新西兰两国各大城市在制定城市建设总体规划中，坚持可持续发展的指导思想，按照一定的比例合理规划出了林带、公园、街头绿地等城市公共绿地，城市的各种建筑也都要因其规模大小、所在位置，因地制宜地规划出一定的绿地，使其与绿地融为一体，努力做到城市有一个良好的生态环境。

澳、新两国政府及城市当局对城市绿化十分重视，制定有严格的法律、法令、政策和切实可行的管理措施：

——在城市里无论搞什么建设，都必须按规划的绿地率留足留够绿地，否则不予批准。

——必须充分绿化，不论是城区街巷还是郊野别墅区，除必要的水泥铺就的硬质地面，其余一律为草坪或种植花卉、树木。

政府对绿化不仅制定有各种法规，而且严格执法，虽然两个国家森林资源十分丰富，但他们对砍伐林木都有严格的限制和严格的审批手续。澳大利亚政府规定，确属需要，无论什么原因，每砍一株树木，必须新植十株幼树，以保持林木数量的相对稳定和持续发展。

澳、新两国城市公共绿地均由政府主管部门负责管理，每个城市都组建有一定数量的专门管护人员，并根据不同情况制定明确的管理目标，主管部门随时进行检查。私人住宅区绿地，以自理为主，市政部门监督指导，如果管理不好，就会视情节受到警告或处罚。

澳大利亚联邦先后出台了《大陆架（生物自然资源）法》《环境保护（拟议影响）法》《国家拨款（自然保育、土壤保育）法》《资源评价委员会法》《全国环境保护委员会法》等50多部环境法律法规；在州层次上，涉及环境保护的法律法规则多达百余部，其中维多利亚州出台了《环境保护法》、新南威尔士州出台了《环境犯罪和惩罚法》等几十部地方环境法规，在环境污染控制方面起到了重要作用。

在市政规划和环境建设方面，澳大利亚十分强调以人为本、注重人居环境质量和保留历史文物古迹遗迹。对于每一个旧建筑，无论是公共设施还是私人住宅，都必须保留外表墙体，只允许在里面翻新或装修。为提高城市品位和提升人居环境质量，每个城市都建有大量敞开式的公园和绿地，并配套建设相当数量的造型各异、惬意雅致的雕塑，使人流连忘返。澳大利亚首都堪培拉的绿化面积占城市总面积的85%，人均占有绿地70平方米，整个城市如同一个大花园；墨尔本市有400多处大型公园、绿地；布里斯班市建有大小公园160多处。

总体来讲，澳、新两国城市生态建设方面有以下特点：第一，城区绿量高且分布均匀，统一规划，绝大多数为现代建筑，人文遗存不多；第二，城市大量应用地标性乡土树种——桉树；第三，人与自然和谐，本地野生动物袋鼠和考拉在城郊林缘和草原大量出现；第四，多元文化交融，英裔白人、亚裔亚洲黄种人与当地土著人包容共存共荣，当地民族生态环境、生活方式都得到保护；第五，远郊地形地貌、古树、沿海森林、内陆原始林与野生动物均呈原生态，生物多样性得到良好保护。澳大利亚城市生态建设模式属于典型的森林城市型，即城在林中、林在城中，城郊原生态化，没有明显的农村田园生态圈。

2. 国内相关政策法规情况

1) 制定灵活土地和资金支持政策，促进城市林业发展

南京市以政府投入为导向，调动各方面参与林业建设的积极性，吸引和鼓励"三资"开发林业，形成多元化的林业投入格局。市政府已经连续九年每年筹集2亿元专项资金，专门用于"绿色南京"建设，对当年新增林地经验收合格，由政府给予不同标准的补助。高等级公路绿色通道和生态防污隔离绿化带，每亩一次性补助3000~4000元，一般道路绿色通道和生态景观林每亩一次性补助2000元，沿水防护林每亩800~1000元，荒山造林每亩一次性补助1000元，林业产业林每亩补助400~1000元。对造林规模特别大的镇街，还按工程补助款的5%给予奖励。

南京市制定灵活开发鼓励政策，按谁栽树谁受益的原则，大力支持非公有制林业的发展。如实施林业分类经营，放开商品林的经营方式和采伐限额；对调农植林发展的苗木花卉、经济林果等用地，其用途允许变更；对投资经营生态公益林且连片面积1000亩以上，享有该林地的冠名权；绿色通道10千米以上的，享有林地广告权。

南京市实施以地养林政策。如企业和个人新造片林2000亩以上的，允许按造林面积一定比例的土地用于生产和管理用房建设。

2) 完善生态效益补偿办法，强化都市水源地和生态公益林补偿标准

广州市重视对城市水源地植被的保护，制定出台了《广州市流溪河水源涵养林生态效益补偿资金筹集和使用办法》，用生态补偿的办法保障水源区农民的利益和城市居民水源的安全。

厦门市进一步完善生态公益林补偿机制，加大生态公益林补偿力度。在现有补偿机制的基础上，对于生态公益林按照功能等级进行级差管理，对于一类公益林按照基本能维持运行的全部成本进行补偿，对于二类公益林按照重点扶持型的原则适当增加补偿，三类公益林按照现有补贴性补偿标准执行。生态公益林等级按照严格指标要求（可依据碳汇功能进行划分）实行动态管理，每5年核定一次。生态公益林的改造建设采用谁改造谁得益的原则，促进生态公益林建设的社会化发展。

3) 理顺森林公园管理机制，吸引各方资金投入森林公园建设

广州市重视森林公园建设，在全市范围内规划建设50多个森林公园。

广州市、厦门市等创新森林公园管理体制。对森林公园应进行森林资源资产评估，实行管理权与经营权分离，并采取拍卖、招投标等方式，将经营权出让给企业、组织或个人。

2005年，武汉市投资20多亿元实施了占地30.02平方千米的九峰城市森林保护区建设，将马鞍山森林公园、石门峰名人文化园、九峰森林公园和长山农业观光园联为一体，森林面积超过27平方千米，保护区森林覆盖率由建设前40%提高到66.6%，游客年容量由20万人次提高到370万人次。

4) 科学规划城市绿道网络，满足城乡居民休闲健身需求和生态旅游发展

广州市重视城市绿道网络建设，在全国首先规划建设了绿道网络，满足居民低碳出行、生态游憩的需要。

成都市是以农家乐为主的郊区旅游发展模式，以林业生态环境建设为抓手，以种苗花卉、农家乐休闲旅游产业为纽带。这种发展模式为全国城市化发展过程中，城市郊区林业生态环境建设如何为城市发展服务，城市居民生态旅游需求如何为农民致富服务，探索出了城乡协调发展的新路子。

南京市通过开展产业文化进农园、民俗进农庄、农家乐助推新农村建设，举办各项创意活动，使南京的休闲农业富有特色和生命力。如2005年推出的农业嘉年华，是融新、美、经济效益和社会效益为一体且富有内涵的农业盛会，至2012年已成功举办了六届，被国际农业基金会授予"国际都市农业推广与创意城市奖"。2009年举办的"四季之都"休闲农业游，大力打造金陵农庄联盟，联盟成员实行"统一标识、统一宣传、统一活动、统一管理"，提升了农庄联盟的形象和知名度。

5) 加强城市森林生态效益监测评价，提高全民参与城市森林建设意识

广州市投入1000多万元，建立了全国首个城市森林生态服务功能定位研究站，并在帽峰山风景区的大门口，树立了城市森林生态保健功能的实时预报电子显示系统。

杭州市开展城市森林生态保健功能的监测与评价，建立了2处地位观测点。

(6) 完善造林绿化工程管理机制，积极引进市场化管理办法

广州市推行工程项目全过程招投标制，对工程的设计、施工以及主要设备、材料、种苗等采购实行公开招标；工程管理全面推行责任制、法人制、监理制、合同管理制、竣工验收制、公示制等制度。所有林业建设工程要规范立项、按设计施工、按效益考核，切实保证工程建设质量。

江苏苏北地区绿色通道和农田防护林体系建设，采取与杨树产业相结合的市场化运行机制，全面实现私人造林、私人受益的发展格局。

合肥市在城市森林建设过程中，把苗木产业与造林结合起来，对苗圃基地实施每亩300~600元不等的补助，同时在10年以后，按照当地造林要求，制定了最低苗木保留标准，实现种苗与造林的有机结合。

7) 加强城市环城林带等已建成果保护，出台相应管理办法

贵阳市制定出台了《贵阳市环城林带保护办法》，明确规定环城林带内禁止乱搭乱建房

屋，违法开山采石、采矿、挖砂、取土；砍柴、刨根、修枝；倾倒垃圾废料；葬坟、设公墓、扩建原有老坟；进行有破坏自然景观和有污染环境的生产、生活活动；毁林开荒种地；盗伐、滥伐林木等行为。

贵阳市在城中山体周边建立了保护绿线，山地森林植被得到自然恢复。

长沙市人民政府制定出台了《长沙城市林业生态圈建设管理办法》，统一组织对城市林业生态圈重点保护区域实行定址勘界，埋设界桩、界碑，设定标志，加以保护，实行绿线控制。

长沙市城市林业生态圈重点保护区域内现有林地禁止开垦、建设，现有林木和新造林木禁止采伐，禁止猎采野生动物和植物。对城市林业生态圈范围内的湿地资源实行普遍保护，禁止随意开垦、侵占、随意改变湿地用途和破坏湿地资源。

8）建立专门的植树队伍和养护队伍，积极探索市场化城市森林管理机制

沈阳市2004年1月颁布施行《沈阳市林业建设保护条例》。规定林业建设坚持"谁造谁有，合造共有"的原则。森林、林木、林地所有者和使用者的合法权益受法律保护，任何单位和个人不得侵犯。

广州、沈阳市等在城市森林建设中，建立了专门的植树队伍，组建了林地、树木管护专业化队伍。

9）加强城市屋顶绿化管理，有序推进城市立体绿化和屋顶绿化

成都市颁发《关于进一步推进成都市城市空间立体绿化工作实施方案的通知》，将屋顶绿化纳入政府规范化管理的轨道。

成都市三环路以内具有绿化条件的立交桥、人行天桥、公用设施构造物立面等均已实现垂直绿化覆盖。

武汉市邀请人大代表、政协委员、有关专家和市民开展"亲近湿地，走进森林"活动。市政府在武汉三镇社区开展送十万盆鲜花进社区活动，增强了市民爱绿护绿兴绿意识，提高了市民养花种植水平。

10）坚持以政府投入为主，坚持征地与租地造林相结合推进城市森林建设

武汉市自2004年开始，历时4年、征地近5万亩、投资近10亿元建成的武汉环城森林生态工程，在188千米外环高速公路两侧各建设100米宽的永久性生态公益林带，道路两侧绿树成荫，成为武汉市民的大氧吧。一次性征地3000亩、投资过亿元建设的武汉机场路绿化工程，在18千米机场高速两侧各建设50米宽的绿化林带，实现了当年建设，当年成景。

武汉建成区内共有58座山体，部分山体曾被大量的商铺、宾馆、住宅占据，既影响美观，也造成森林安全隐患。从2004年开始，武汉市投资15亿元，实施"城中插绿、破墙透绿、围桥造景、绕城植树"工程，对贯穿市区的龟山、蛇山等20多座山体实施大规模拆迁透绿、腾地植绿和林相改造。仅龟山、蛇山的拆迁面积就达18万平方米，搬迁居民1900多户。

南京市在近10年的绿化建设中，市级财政共投入116亿元专项资金用于城乡绿化建设，落实区县配套资金91亿元，吸引社会资本231亿元。

11）注重城乡生态建设一体化发展，加强乡村生态建设的资金支持

武汉市政府每年拿出2000万元对花卉苗木和林果茶等产业实行"以奖代补",对新建基地规模在500亩以上的茶叶、花卉苗木和干鲜果分别每亩补贴600元、300元和300元。

2005年以来,武汉市政府投入3亿多元,对全市2087个建制村实施村湾绿化,建设绿色家园。市政府给每个创建村补助10万~12万元的绿化经费和3000元的绿化规划经费,大力实施建设庭院经济林、绿色通道和村湾风景林。

12) 强化组织领导,加大城市森林建设在政绩考核中的比重

青海省西宁市在推进城市周边山体绿化过程中,把造林绿化任务分解到政府各个部门,由林业部门统一指导,在当年前3年政绩考核100分制中,造林绿化任务完成情况占15分,到了后期管护阶段还占5分,有力推动了城市森林建设。

南京市始终坚持高规格、高强度行政推动,市委、市政府每年召开"绿色南京"建设动员大会,总结部署工作,表彰先进,与各区县主要领导签订责任状,强化目标考核和激励机制。

二、差距分析

(一)与北京世界城市发展需求相比,平原生态资源总量不足

截至2011年年底,北京市的森林资源主要分布在山区,平原地区森林面积仅为14.41万公顷,占全市森林面积的21.87%。平原地区森林覆盖率只有14.85%,大大低于全市37%的平均水平,森林、湿地等生态资源呈现"山区多平原少"的不均衡分布;平原地区森林类型比较单一,主要以沿河、沿路的林带和农田防护林网为主体,片林面积小而破碎,整体上呈现"林带多片林少"的局面。总体来看,平原地区森林生态资源布局不够合理,远远不能满足城市发展对生态环境的迫切需求。

(二)与本地土地生态生产潜力相比,现有生态资源质量不高

经过多年的建设,城市生态景观环境得到了显著改善,森林和绿地资源总量有了极大的增加,但总体质量不高,全市森林70%的林分处于功能亚健康或不健康状态,全市森林资源每公顷蓄积量仅为28.57立方米、碳储量仅为每公顷21吨,分别是全国平均水平的40.1%和46.8%,是世界平均水平的28.6%和29.4%。平原农田林网出现大量的断带、残破,河道绿化没有形成景观,生态服务功能较差;山区仍有一定规模的困难立地荒山需要绿化,有近300万亩低质低效林需要改造。

(三)与健康城市森林生态系统相比,大型城市生态片林不多

研究表明,城市森林面积与其减缓城市热岛、维护生物多样性等功能密切相关,在城市周边地区建设和保持足够数量的大斑块城市生态片林是非常重要的。伦敦绿地中大于20公顷的大型成片绿地占总绿地的67%,大型公园随处可见;纽约曼哈顿也有两处由森林、湖泊和湿地组成的大型自然环境,总面积相当于6个北京故宫大小;巴黎市区有3处大规模森林,

平均面积 1.5 万亩；莫斯科有 11 片自然森林，近 100 座大型公园、800 多个街心花园，市区满眼绿色。而北京市规模化的城市森林主要分布在西北部山区，平原区几百甚至几十公顷的自然生态片林相对较少。

（四）与理想绿道系统建设要求相比，公众使用休闲绿地不便

城市森林与公园绿地建设的宗旨是服务于市民，要为民所用。2012 年以前，北京在森林公园、湿地公园、郊野公园以及各类城市公园的数量与布局已经打下了很好的基础，并还在不断地完善。但从方便市民使用的角度，还需要进一步建设完善的绿道网络，把优良的游憩资源串联起来，方便市民步行、骑车游憩。

（五）与美丽城市郊区景观建设相比，平原村镇生态景观不美

北京作为国际化大都市，城市的发展更要体现城乡统筹。相比城区绿化建设，北京郊区景观建设还需要进一步加强，特别是要关注以居民点为核心的平原村镇生态景观建设，制定符合北京地域生态景观特色和风貌的规划，增加投入，给乡村生态建设以城市生态建设待遇，促进乡村景观建设的全面提升。

（六）与欧美公众生态行为氛围相比，生态文化引领作用不强

一个城市的文明程度很大程度上反映在全体公民的行为素质，特别是把生态意识体现在生态行为上，这需要强化生态文化的普及，使其真正发挥引领生活的作用。要依托森林、湿地等自然生态资源，以及北京的皇家园林文化，借鉴国内外先进经验和做法，建设生态文化示范区，寓教于游，潜移默化地培养人们的环境意识和生态行为。

（七）与森林走进城市带来挑战相比，森林安全应对能力不够

随着北京绿化建设的不断推进，森林走进城市、城市拥抱森林的格局逐步形成。森林资源本身的安全包括防火、病虫害等，不仅关系到生态建设成果的保护和功能的有效发挥，也与城市景观安全、居民生命安全等息息相关。而城市绿化建设中大量使用大苗造林、外来植物造景，造成生物多样性不高、生态系统稳定性差等森林健康问题。因此，要针对城市森林带来的问题制定相应的政策，完善相应的软硬件设施，提高森林资源安全的应对能力。

（八）与城市森林拓展的复杂性相比，生态建设政策机制不活

生态建设作为社会公益性事业非常重要，但建设用地、农业用地、生态用地之间的合理协调非常复杂困难。长期以来，政府的公共财政投入是其投资的主要来源，受体制、机制约束因素影响，社会资金进入较少。有限的政府投入不能完全满足生态环境大提升、大发展的需要。在持续稳定加大政府公共财政投入的基础上，应尽快建立与公益性事业相适应的多元化投融资机制，积极鼓励社会力量采取多种形式参与首都生态建设。

第五章
北京平原森林建设的总体策略

　　增加平原区森林资源总量，扩大中心城区及其周边地区的生态空间的方向是明确的，但怎样布局新增的森林，营造什么样的森林景观，如何把国内外成功的经验应用于北京平原造林实践，需要科学地确定总体策略。本章通过对北京平原森林、绿地建设情况进行分析，借鉴国内外成功经验做法，提出了北京平原森林建设总体策略。总体策略描绘了北京未来平原森林发展的愿景，明确了建设思路、原则和途径，并根据上位规划及相关规划，确定了"五片四团三带两环一网"的平原森林建设布局。

一、建设理念

（一）确定建设理念的主要考量

　　（1）瞄准核心差距：综合对比国际大都市与北京城市森林建设差距，巴黎、莫斯科、伦敦等世界城市周边保留有单体面积大、林分状态自然等大型森林斑块，而北京平原区特别是东南部地区恰恰就缺少这种单体规模万亩以上的大单体自然森林。

　　（2）满足市民需要：北京人口密集，核心区人均绿地面积只有9平方米、人均公共绿地4.4平方米，与居民生活密切相关的服务半径约500米的中小型公共绿地仅覆盖64.6%的居住区，致使城市热岛效应难以有效缓解，市民对森林湿地生态游憩资源需求难以满足。

　　（3）解决长远问题：从北京平原区现有森林资源分布来看，主要是农田防护林以及五环、六环的带状片林。放眼望去，北京平原区主要是以带状防护林构成的林带网，还没有形成真正意义上的森林景观。因此，平原造林更主要是优化结构，强化核心林地、核心森林廊道建设，提高平原森林的生态服务功能。

（二）建设理念及其基本内涵

针对上述问题，平原造林在全面推进的同时，必须解决单体规模万亩以上的自然森林缺乏、市民日常生态休闲场所不足、平原森林整体生态服务功能不强的突出问题。因此，平原造林绿化的核心理念是"营建大尺度森林，打造大组团公园，形成大林海景观"。

1. 营建大尺度森林

就是要通过平原绿化建设，重点在京东南地区营造单体规模万亩以上的自然森林，建设永定河、温榆河、潮白河三大滨河森林廊道，使之成为平原区城市森林生态系统稳定和维持生物多样性的主体，夯实平原区生态系统健康基石。

2. 打造大组团公园

就是要通过平原绿化建设，重点加强郊野公园建设，打造类型多样、分布均衡、绿道贯通、设施齐备的公园群，逐步形成北郊森林公园、南郊生态郊野公园、东郊生态休憩公园、西北郊历史文化公园等四大郊野公园组团，增加身边生态游憩空间，使市民充分享受生态建设成果。

3. 形成大林海景观

就是要通过平原绿化建设，重点强化大尺度森林和骨干森林廊道建设，进一步优化平原森林的结构，在平原区形成以大尺度森林斑块为依托，以各类公园绿地为补充，以骨干森林廊道为连接，以防护林网为基底的大林海景观，夯实北京世界城市建设的生态基石。

二、建设思路

按照"人文北京、科技北京、绿色北京"战略和建设中国特色世界城市的要求，以"营建大尺度森林，打造大组团公园，形成大林海景观"理念为指导，以重大项目为载体，与北京山地森林景观相呼应，与环京生态圈建设相衔接，围绕一个目标，突出四大主题，克服三道瓶颈，落实十项任务，全面提升北京平原绿化水平，打造具有北京特色的平原区生态景观。

（一）一个目标

党的十八大将生态文明与政治、经济、文化、社会四种文明的建设并列，以"五位一体"的总体布局高度，把生态文明建设放在了突出地位，提出"努力建设美丽中国，实现中华民族永续发展"的宏伟目标。

2012年4月3日，胡锦涛总书记在北京参加义务植树活动时指出：北京要真正成为首善之区，必须在绿化美化工作中走在前面。希望你们加快绿色北京建设步伐，全面提升城市环境质量，让生态文明建设成果更好地惠及全市人民。

2013年4月8—10日，习近平总书记在海南考察时指出：保护生态环境就是保护生产力，改善生态环境就是发展生产力。良好生态环境是最公平的公共产品，是最普惠的民生福祉。

从北京的现实来看，可以从三个层面来解读上述报告、讲话精神：一是绿化美化地位非常重要，是首善之区、美丽北京的重要组成部分；二是绿化美化存在一定差距，是需要继续努力完善的工作；三是绿化美化具有多种功能，是惠及全市人民的生态福利。目前北京的城乡绿化建设正在向绿化与美化结合、生态与文化结合的发展阶段转变，因此，"走在前面"是未来北京园林绿化建设的总目标。

（二）四大主题

北京平原绿化建设是在前期扎实工作基础上的进一步深化，其建设要突出四大主题：

①优化：包括绿化格局、绿化质量、绿地功能等；
②创新：包括政策创新、机制创新、体制创新等；
③惠民：包括生态环境、生态文化、生态经济等；
④引领：包括发展方式、技术模式、体制机制等。

（三）三道瓶颈

北京平原绿化建设是在人口密集区、城市发展集中区、生态环境敏感区开展造林绿化，涉及部门多，限制因素多，利益矛盾多，从2008年以来的发展和2012年实施的造林情况来看，平园绿化必须克服三道瓶颈：

①土地：包括林业园林权属土地和非林业园林权属土地绿化；
②政策：包括土地流转、林地管理等配套政策的延续和创新；
③管理：包括部门协调、有效管理、成果维护等体制机制问题。

（四）十项任务

1. 营建布局合理的大尺度城市森林

重点在二道绿化隔离地区，继续拓展造林空间，规划建设10处万亩以上、100处千亩以上生态片林，优化平原区城市森林的空间格局，使之成为保护生物多样性和维持整个城市森林生态系统健康的核心林地。

2. 继续推进郊野公园群建设

重点在一道绿化隔离地区，以及亦庄、大兴等11个新城，通过实施郊野公园、新城滨河森林公园等建设工程，建设一批布局合理、游憩功能强、服务设施齐备的郊野公园，为广大居民增加身边生态游憩资源供给。

3. 继续扩大城区生产生活空间绿量

重点在中心城区，结合老旧小区改造和新社区建设，通过实施垂直绿化、绿荫停车场、生态社区等工程，拓展城区绿色空间和提升景观效果，缩小与世界城市的城区绿量、沿街绿化的差距。

4. 建设城市周边健康绿道慢行系统

依托第二道绿化隔离地区的绿化成果，因地制宜建设集生态、文化、休闲、景观、健身于一体的健康绿道和绿色驿站，打造城市周边慢行系统，使广大市民更方便走进绿色，享受生态建设成果。

5. 建设景色优美、特色鲜明的景观廊道

新建和加厚、加固平原地区公路、河流、铁路两侧绿化，原则上六环路绿化外侧1000米、内侧500米，通往外埠的干线公路、铁路和主要河流每侧绿化不少于200米，建设一批以彩色树种为主、色彩靓丽、特色鲜明的景观大道。

6. 推进面向整个村域的乡村森林景观建设

按照北京平原区生态景观的总体建设目标和体现北京乡村景观特色的要求，在"十一五"各区县创建园林小城镇38个、首都绿色村庄350个的基础上，把村镇居民点周边绿化、内部庭院绿化、道路绿化、水岸绿化等结合起来，科学规划建设具有北京地域特色的乡村生态景观，缩小与欧美发达国家城郊乡村景观建设的差距。

7. 发展以中水为生态用水供给的生态湿地和净水森林

重点在京东南地区，结合河道、沟渠、坑塘治理，恢复、建设一批湿地，保护和丰富生物多样性；同时，借鉴国外城市森林建设经验，通过合理利用中水资源，以及利用森林树木对污染土地进行生态修复，大力发展以净水为目的的森林湿地。

8. 完善城市森林造、管、用相结合的基础设施

城市森林建设的一个显著特点之一就是无林地造林、大苗造林、快速造林，在外观上是一次成型，配套设施非常重要。配备必要的道路、电力、供水、防火等基础设施，满足城市森林工程建设、后期的养护、游憩、健康生长、灾害防控等需要，健全林业、园林有害生物防控体系。

9. 建立健全适合城市森林特点的政策机制

通过制定相关政策措施，强化平原规划的严肃性，保障规划任务的落实；学习借鉴国外经验，对城市森林的营造、管理、开发引入社会化、市场化机制，创新发展模式，实行公司化、专业化管理；在解决劳动力不足和促进本地居民就业方面，创新招工就业模式，为本地居民绿岗就业增收创造条件。

10. 开展平原森林生态服务功能监测与评价

选择城区公园绿地、环城林带、郊野公园等不同类型城市森林，按照梯度建立覆盖平原区的城市森林生态定位站8处，动态监测研究城市森林碳汇、滞尘、降温等多种服务功能，为科学评估城市森林价值和健康经营提供科学的依据。

三、建设原则

1. 树立生态优先理念，完善森林生态网络

重点营造生态防护林、景观游憩林，形成几处大的森林景观和骨干森林廊道，增加京东南平原区的森林资源，从而优化整个市域的森林格局，完善城市森林生态网络。

2. 注重林水结合建设，形成特色森林景观

京东南平原区河流湿地资源相对较多，中水利用也很有潜力，本次造林规划要注重与现有湿地景观的结合，依水建林，形成林水相依的特色生态景观。在新城建设滨河森林公园，林水相互促进，改善新城环境，提供复合休闲空间。

3. 坚持片林为主推进，突出生态游憩功能

选择工矿废弃地、不适合食品生产的污染土地、热岛效应突出和潜在污染问题突出的生态敏感区，通过发展大规模林地，促进土地的生态修复，储备城市发展的生态空间和缓冲环境污染对生产性土地的影响。

4. 发展近自然林模式，保障生物资源多样

造林过程中注意保护现有森林、树木等自然植被资源，合理配置使用优良乡土树种、植被，形成具有本地特色和景观效果的近自然林，形成能够为鸟类等动物提供多样的栖息环境的森林。

5. 实施大苗工程造林，力求迅速成林成景

使用大苗造林，合理设计造林密度，提高营养钵苗的使用率，加强对造林工作的技术指导。通过专业队工程造林和专业养护，保证造林后迅速成林成景，避免走过去先造林增绿再改造成景的路子。

6. 保持地表常年覆盖，控制绿地水土流失

借鉴国外成熟经验，利用有机覆盖物覆盖城市各类绿地，促进土壤蓄水增肥，特别是转变园艺式的过度"净化"管理模式，使所有绿地保持常年的覆盖不露土，减少城市粉尘来源，从而减轻PM2.5粉尘污染。

7. 开发综合服务功能，实现多种效益惠民

在设计、施工、管护、经营等各个环节，充分体现开放惠民的建设宗旨，在以生态功能为主的前提下，挖掘森林游憩功能、生态文化承载功能等，发挥森林生态、经济、文化等多种效益，服务广大市民。

8. 完善政策措施体系，稳固生态建设成果

北京平原绿化建设涉及部门广，遗留问题多，面临难度大，既要保障前期政策的连续性，又要针对新情况创新政策保障机制，使生态建设能够落到地上，树能够栽下去，造林绿化建设成果能够保得住。

四、建设布局

按照北京城市总体规划、土地利用总体规划和绿地系统规划中确定的"两环、五水、九楔"平原地区生态空间结构要求,以及平原百万亩造林工程规划的"两环、三带、九楔、多廊"建设布局,北京平原城市森林建设空间格局确定为:五大自然片林,四个公园组团,三条滨河林带,两道环城绿隔,一张廊道绿网,简称"五片四团三带两环一网"(图5-1)。

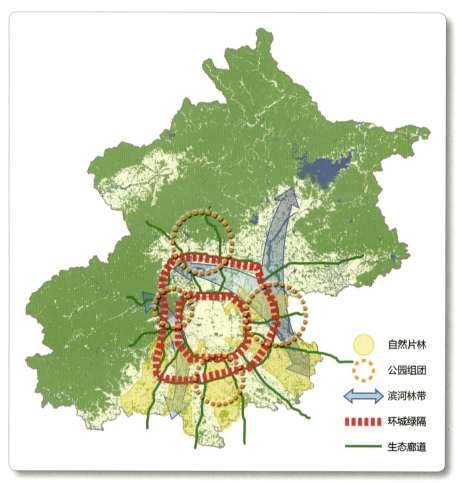

图5-1　北京平原城市森林建设空间布局图

(一)五大自然片林

五大自然片林是指在位于北京平原东南部的房山、大兴、亦庄、通州、顺义等营造五处单体规模万亩以上自然森林。分别位于:将台至机场南部沿温榆河两岸楔形绿色空间限建区内;沿凉水河、十八里店地区至通州台湖至西集楔形绿色限建区;沿南中轴线南海子公园至礼贤至二机场楔形绿色限建区;黄村至良乡永定河两岸地区楔形绿色限建区;鹰山嘴公园至王佐、大石河西南山前区楔形绿色限建区(图5-2)。

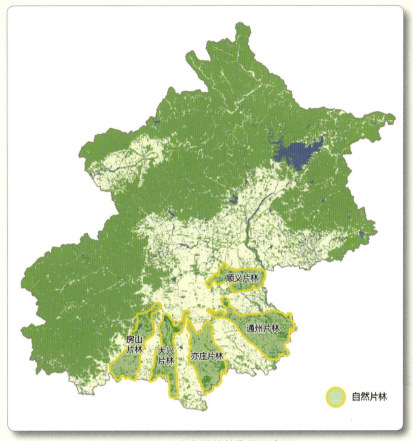

图 5-2 五大自然片林位置示意图

（二）四个公园组团

四个公园组团是指北郊森林公园、南郊生态郊野公园、东郊生态休憩公园、西北郊历史文化公园等四个郊野公园组团。北部森林公园组团由奥运公园向山区自然延伸，多个森林片区以运动休闲为特色，创造更多的户外休闲、运动游憩空间；东郊生态休憩公园组团由温榆河、潮白河两河穿插其间，突出林水交融的自然景观特色，打造多种生物的自然栖息地和自然休憩空间；南郊生态郊野公园组团结合南中轴线对首都的精神意义、第二机场的俯瞰需求，突出一泻千里的大地景观效果，以及大色块的森林与农田的组合视觉效果；西北郊历史文化公园组团结合前山向平原过渡丘陵地形特征，森林突出大片常绿植物的苍翠茂盛，秋色植物的浓艳沉醉（图 5-3）。

（三）三条滨河林带

三条滨河林带是指永定河、北运河（包括温榆河、南沙河、北沙河）、潮白河（包括大沙河）每侧不少于 200 米的永久绿化带（图 5-4）。

图 5-3 四个公园组团位置示意图

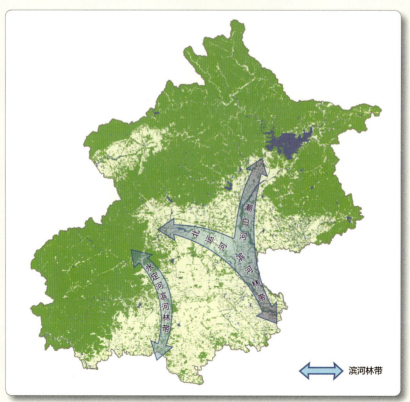

图 5-4 三条滨河林带位置示意图

（四）两道环城绿隔

两道环城绿隔是指五环路两侧各 100 米永久性绿化带（包括城市郊野公园环），形成平原区第一道绿色生态屏障；六环路两侧绿化带外侧 1000 米、内侧 500 米，形成平原区第二道绿色生态屏障（图 5-5）。

（五）一张廊道绿网

一张廊道绿网是指由高速公路、国道、省道以及县乡道路两侧景观防护林，河道、渠道等水岸景观防护林，铁路两侧的景观防护林，以及农田防护林、村镇景观防护林等带状林带，纵横交织，覆盖整个北京平原区，共同构成的绿色廊道网络（图 5-6）。

五、关键环节

城市森林是有生命的城市生态基础实施，是一项长期的公益性事业。十年树木，百年景观。城市森林不能重复建筑上的反复推倒重来。因此，在规划、设计、管理等各个环节都要本着科学的态度仔细研究，稳步推进。

（一）把好规划关，避免方向性错误

平原造林是一件大事，其对北京的生态环境建设影响深远，要科学合理地把这 100 万亩森林实实在在地营造在北京平原大地上。一定要避免过度设计，过度造景。造林本身就是造景，森林本身就是优美的生态景观，不要把两者割裂开。

（二）把好树种关，避免中看不中用

本次造林主题是生态，发挥生态功能是第一位的。要主栽乡土树，多栽引鸟栖鸟树，多栽滞尘能力强的树，多栽净土能力强的树，发展近自然林、生态河流。不要栽"冬穿衣、夏遮伞"的所谓名贵外来景观树。根据当前部分造林苗木规格过大、苗源紧张、苗木质量难以保障和建设成本过高的突出问题，适当降低平原地区造林工程苗木规格要求，将落叶乔木一般规格（胸径）控制在 3～6 厘米左右，景观节点地段控制在 6～8 厘米左右，以利于平原地区造林后续工程的可持续健康发展。

（三）把好地表关，避免遮荫不盖地

我们的绿地、森林覆盖率甚至比国外发达国家的有些城市还高，但为什么还是每天粉尘依旧？除了其他污染源问题，绿地、林地本身的问题不容忽视。看看北京随处可见的裸露土壤的绿地，绿地内随风而起的阵阵尘土，浇灌激起的片片泥斑，绿地下雨流出的汩汩泥水，就知道现在的绿地是空气粉尘的一个重要来源。可以说，北京的绿地很多是裸地，尤其是街头绿地，是遮荫不盖地。要学习借鉴国外经验，开展绿地 Mulch（国外把用于覆盖土壤表面

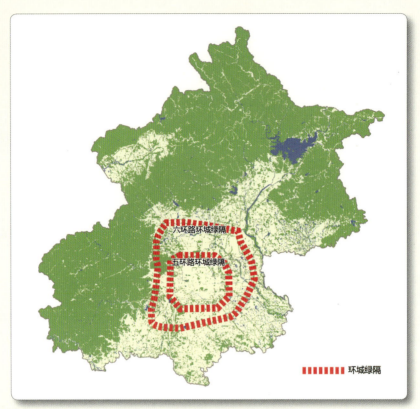

图 5-5 两道环城绿隔位置示意图

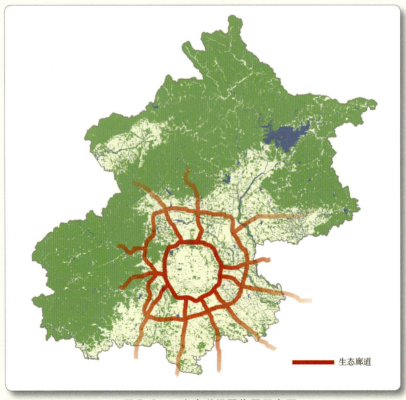

图 5-6 一张廊道绿网位置示意图

以保护和改善土壤环境的各种材料称为 Mulch。通常是用森林采伐和木材加工剩余物、园林修剪枝桠等材料加工而成，包括树皮、木片、松针等不同类型）人工覆盖工作，这也是减轻 PM2.5 最有效措施之一。

（四）把好管理关，避免造林不成林

目前大家更多关心造林问题，但造林后的管理同样重要，需要大力强化。城市森林建设的一个显著特点之一就是大苗造林、快速造林，在外观上是一次成型。但从保障森林健康、保障生态系统稳定、保障生态功能发挥等方面还有很长的距离，需要靠时间的累计，更需要通过科学的管理、培育技术来支撑，使之不仅仅是活下来，还要活得好、活得有多种功能。要建设满足居民游憩的街头绿地、郊野公园等，也要建设较少人工干预、用于保护和恢复生物多样性的大型自然生态林地。

第六章
北京平原森林建设的重点项目

根据前面确定的北京平原森林建设方向和总体布局，本章设置了生态功能片林、生态游憩空间、休闲绿道网络、美丽村镇森林景观、道路森林景观廊道、河流水系岸带森林景观、城市生态文化载体、社区森林景观功能提升等八大重点建设项目，明确了每个项目的建设目标和建设内容。

一、生态功能片林建设

研究表明，城市中自然斑块减缓城市热岛、维护生物多样性等功能与其面积及质量密切相关，在城市周边地区建设和保持足够数量的大斑块城市生态片林对优化区域生态安全格局有非常重要的意义。2012年以前，北京市规模化的城市森林还主要分布在西北部山区，平原区自然生态片林相对较少，这对于解决北京市平原区城市环境问题是不利的。因此，在分析北京平原地区片林、湿地等分布和土地利用情况的基础上，挖掘平原绿化建设潜力，逐步推进生态功能片林建设是十分必要的。

重点在二道绿化隔离地区，继续拓展造林空间，规划建设10处万亩以上、100处千亩以上生态片林，优化平原区城市森林的空间格局，使之成为保护生物多样性和维持整个城市森林生态系统健康的核心林地。

（一）京东南生态片林建设

城市绿楔或称楔形绿地在北京城市总体规划、土地利用总体规划、绿地系统规划、百万亩造林工程规划布局中均有提及，其建设有待进一步落实。楔形绿地是缓解主城区热岛效应、保证城市与郊区形成空气对流和生物流流通的重要载体，建设范围主要在第二道绿化隔离地区与第一道绿化隔离地区"公园环"之间，由生态景观绿地及河道、放射路两侧绿化带等组成，楔形绿地建设实施后将有效地改善城市生态环境。

为缓解北京东南部平原地区森林资源不足、森林覆盖率较低的情况，结合城市规划重点规划在房山、大兴、亦庄、通州、顺义等区县营造五处规模在万亩以上的近自然森林。建设地点分别位于：将台至机场南部沿温榆河两岸楔形绿色空间限建区内；沿凉水河、十八里店地区至通州台湖至西集楔形绿色限建区；沿南中轴线南海子公园至礼贤至二机场楔形绿色限建区；黄村至良乡永定河两岸地区楔形绿色限建区；鹰山嘴公园至王佐、大石河西南山前区楔形绿色限建区。

（二）二道绿隔地区生态片林建设

以二道绿化隔离地区规划为依托，在城市五环至六环路之间、六环外围范围内新建万亩以上大片森林，拓展现有景观林、生态林、经济林等类型片林并将零散林地进行有效连结和整合，共形成35个万亩以上大片永久性生态森林。

二、生态游憩空间建设

"十一五"期间，北京在森林公园、湿地公园、郊野公园以及各类城市公园的数量与布局已经打下了较好的基础，并还在不断地完善。由于自然资源分布特点，北京平原地区森林公园数量较少，主要分布在城市西北一侧，城市西南森林公园集中于大兴半壁店、通州大运河。已建成的湿地公园、湿地保护区占全市湿地总面积比重有待提高。并且，已建成森林公园、湿地公园和郊野公园等游憩地在模拟自然群落结构、基础服务设施、解说系统内容、标示标志等细节方面有待进一步完善或丰富，从而更好地发挥其生态旅游、科教休闲等方面的功能。

通过实施郊野公园、新城滨河森林公园等建设工程，建设一批布局合理、游憩及生态功能兼具、服务设施齐备的生态公园，为广大居民增加身边生态游憩资源供给。

（一）城市近郊郊野公园建设

北京积极建设郊野公园环，截至2011年年底，第一道绿化隔离地区"公园环"共有公园81个，面积81103亩，基本形成"郊野公园环"。四个公园片区中西北郊历史公园、北郊森林公园群已初具规模，园内各类设施相对完善，以大兴区"南苑"、团和行宫、三海子麋鹿园及现代农业观光园等为基础的南郊生态公园和以顺义、通州区内温榆河、潮白河、古运河及沿河风景带和绿化带为主要景观的东郊滨河游憩公园建设是未来生态游憩地建设的重点。建设中突出城市公园景观类型特色，西北部郊野公园为山林景观特色，东南部为水岸湿地林景观特色，挖掘农业观光园、林果采摘园等集经济种植、观光游憩、度假休闲等功能为一体的游憩园林形式。

（二）平原区湿地公园建设

北京东部和南部曾是湿地资源丰富的地区，孕育了绵长的运河文化。在京东南地区，依托现有湿地水网建设大型湿地休闲综合体可以为该区域湿地的恢复和保护做出样板，促进京东南地区重现"水韵京城"的自然风貌。以京东南河流湿地为核心，通过湿地文化长廊、科普园地、观鸟基地、苇荡垂钓、泛舟体验等载体建设，打造集自然教育、运功休闲和水上体验为一体的大型湿地综合休闲服务基地。使其成为城市居民体验湿地水文化，感受湿地自然魅力和进行野趣休闲的重要场所。

湿地公园建设分为保护恢复工程和景观建设工程两大部分进行。保护工程针对北京市湿地公园湿地生物的生态习性和生活习性，通过改善隐蔽条件、食源生物恢复、生境岛营造、建设生态廊道等措施，达到保护湿地公园湿地生物的目的。恢复工程重点是对湿地区域的自然基底、植被、水环境和坡岸进行恢复治理。

景观建设工程分为湿地公园软、硬质景观建设及科普宣教、基础设施等几部分进行，建设过程需注重环境保护的落实。根据《北京市湿地公园发展规划（2011～2020年）》，平原区具体实施以下项目（表6-1、表6-2、图6-1）。

表6-1　2011—2015年规划项目

区县（公园数）	名　称	所在位置	拟规划面积（公顷）
海淀区（2）	海淀翠湖湿地公园	上庄镇	700
	海淀稻香湖湿地公园	苏家屯	1180
昌平区（1）	昌平温榆河与沙河水库交汇湿地公园	沙河镇、百善镇，四至范围：西至沙河闸、南至温榆河南堤路、东至白各庄和半壁街东边界，北至温榆河北堤路半壁街绿化带北边界。	26
大兴区（2）	大兴三海子湿地公园	瀛海镇、亦庄镇和旧宫镇	1165
	大兴长子营湿地公园	长子营镇	60
房山区（2）	房山长沟湿地公园	长沟镇西甘池村	249
	房山琉璃河古桥湿地公园	琉璃河镇	233
丰台区（1）	丰台园博园湿地公园	永定河丰台段西岸，地处鹰山森林公园东墙、永定河新右堤、规划梅市口路和射击场路之间	184
通州区（2）	通州五河交汇湿地公园	城　区	200
	通州台湖湿地公园	台湖镇	400
顺义区（2）	潮白河与减河交汇湿地公园	仁和镇	310
	顺义汉石桥湿地公园	杨　镇	477
平谷区（1）	平谷王辛庄湿地公园	王辛庄镇和大兴镇	120
合　计	13个湿地公园		5394

表 6-2 远期（2016—2020 年）规划项目

区县（公园数）	名　称	所在位置	拟规划面积（公顷）
昌平区（1）	昌平海清落湖湿地公园	北七家镇八仙别墅区附近	120
大兴区（1）	大兴杨各庄湿地公园	青云店镇	30
房山区（2）	房山小清河湿地公园	房山新城哑叭河、小清河沿岸及良乡高教园区	390
	房山龙门口水库湿地公园	韩村河镇	25
朝阳区（2）	朝阳金盏老河湾湿地公园	金盏乡	27
	朝阳孙河湿地公园	孙河乡	70
通州区（4）	通州潮白河通州段湿地公园	宋庄镇、潞城镇、西集镇	1 424
	通州凉水河通州段湿地公园	漷县镇、张湾镇、马驹桥镇	510
	通州大运河水梦园湿地公园	潞城镇	70
	通州北运河通州段湿地公园	潞城镇、西集镇、张家湾镇、漷县镇	1998
顺义区（2）	顺义后沙峪罗马湖湿地公园	后沙峪镇	35
	顺义向阳闸湿地公园	马坡镇向阳村	311
平谷区（1）	平谷黄松峪水库下游湿地公园	黄松峪乡	80
合　计	13 个湿地公园		5090

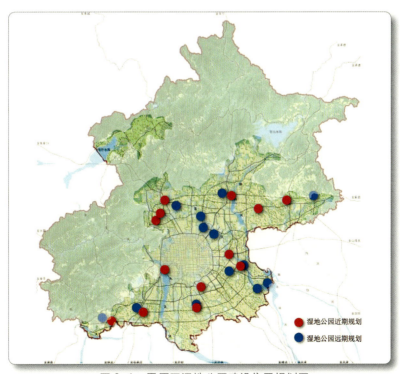

图 6-1 平原区湿地公园建设位置规划图

三、休闲绿道网络建设

北京市具有构建绿道网络的自然、人文资源基础,但至今尚未建设适合市民及游客慢行出游的绿道。充分利用现有的山体、水系和道路,结合城市绿地系统及公共交通网络规划,将区域绿道、城市绿道、社区绿道贯通成绿色基础设施网络,串联不同规模的绿地斑块,一方面可以保证城市生态健康,另一方面可为市民提供更加绿色低碳的健身、出游方式。

重点是依托第一、二道绿化隔离地区的绿化成果,因地制宜建设集生态、文化、休闲、景观、健身于一体的健康绿道和绿色驿站,打造城市周边慢行系统。

按照"动脉贯通、多线辐射、点线联结"的格局,依托重点道路绿色通道、都市游憩景观道、河流水系生态廊道建设,构建以"两环、八射"为骨架,独立于城市机动交通网络的城市森林健康绿道网络。

(一)环城森林绿道建设

于四环至五环间的一道绿化隔离地区,及五环至六环外 1000 米范围内的二道绿化隔离地区两环森林绿带,萦系着中心城外围的大型绿地和上百个郊野公园,是北京城区重要的生态屏障,也是居民休闲游憩的主要地带。在现有林带建设的基础上,在林内或景观较好的非机动车道内规划建设或改造人行步道和自行车道,建设中注重加强绿道安全性及舒适性,增加游憩设施,满足城市居民健身游憩需求。

(二)城乡休闲绿道建设

依托具有较好绿化基础、沿线景观资源丰富、贯通城乡的主干道、河流,构建连接中心城区和近郊、远郊区的 8 条贯通性健康绿道,包括:城区—昌平—延庆、城区—昌平—怀柔、城区—顺义—密云、城区—顺义—平谷、城区—通州、城区—大兴、城区—房山和城区—门头沟。

重点依托北运河(包括温榆河、南沙河、北沙河)、潮白河、永定河三条滨水绿廊形成滨水绿道;沿楔形绿地、绿色通道如京藏高速、北苑路、京开高速、京承高速、京平高速、京通高速、京哈高速、京石高速、G109 等形成由中心城放射到外围的 10 条绿道(图 6-2)。

四、美丽村镇森林景观建设

随着新农村建设深入推进,规划已逐渐全面覆盖到小城镇和村庄,但一些村镇在绿化建设过程中,照搬城市绿化模式的现象较为突出,绿化广场、景观大道、引种大面积草坪等做法不但劳民伤财,更破坏了村镇本应具备的质朴的田园风貌和自然基底。村镇绿化水平有待提高,绿化标准有待规范,绿化潜力有待挖掘。

按照北京平原区生态景观的总体建设目标,建设具有北京地域特色的乡村生态景观,将村镇居民点周边绿化、住宅庭院绿化、道路绿化、水岸绿化等相结合,广泛动员,积极引导,适当

图 6-2　北京市健康绿道主要工程规划位置示意图

鼓励。

在实施村镇绿化之前，先进行准确定位，规划建设应充分展现独特的乡村风貌。在学习应用城市绿化规划技巧基础上，要结合当前的自然和人文条件做具体布局，尤其要利用农村沟、河、湾、塘、岗等自然地形，划定种植范围。选择树种应适地适树，选择经济价值较高、观赏性较强的林果树木作为四旁绿化树种，制定树种名录供选择，鼓励村镇居民种植并承包照管树木。

（一）庭院绿化

加强村庄房屋建设和村庄风貌规划管理，保护传统民宅合院格局。倡导墙面、挡土墙、护坡等立体绿化。以乡土树种为主，选择绿化效果好、经济效益高的乔木乡土树种与灌木、花卉搭配栽植，实现多品种、多层次、多形式绿化。通过在房前屋后布置适量高大落叶乔木，提高居民点树冠覆盖率和绿量；通过种植花果乔灌木，提升宅院内外绿化景观。各区县开展绿色家庭评选活动，每年由各村镇评选具有绿化美化示范性、先进性的绿色家庭10户，并推荐上报参与进一步评比。

（二）水岸林

水岸绿化以保护河道生态环境，护堤护岸、保土固沙、净化水质、绿化美化河岸为主要目标。在不影响行洪的情况下，保护自然驳岸和原有河岸植被；水岸绿化树种宜选择耐水湿的杨、柳类为主，水陆过渡带配置湿地植物，增强生态功能。

（三）道路林

村镇的道路两侧营建风景林，以低维护乡土树种为主，不规则点缀搭配色叶、开花或挂果树种，使村庄景观有亮点而又不失山野趣味。平原区实施绿荫村路建设，倡导每个村庄至少绿化总长1千米内部道路，整体提升村庄居住区绿量。

（四）环村林

山区有灾害风险区域村镇居民建议周边建设水土保持林，选用耐干旱贫瘠的乔灌木树种，辅助建设经果林。平原区利用村庄外围道路、湿地水域、空闲地或与当地的苗圃、果园相结合建设环村片林，形成具有污染防护、改善环境、游憩休闲或经济增收功能的绿色屏障。

（五）公共休闲林

包括位于村庄中的中心场地、交叉路口、公共建筑附近的集中公共绿地，以及由拆违建绿、见缝插绿、留白增绿或利用村庄闲置土地建设的小型绿化景观和休闲场所。公共休闲林需经过规划设计、绿化美化，具有一定的服务设施，可供村民进行游憩休息、娱乐、儿童游戏及村民开会等各项活动。

五、道路森林景观廊道建设

道路景观廊道是构成平原地区森林建设的骨架，廊道建设对于改善城市景观和提升生态环境质量具有重要作用，直接影响着平原区绿化的整体效果。但由于前期系统规划不足、管护不当，导致2012年前，许多廊道还存在残缺、断线（带）、景观效果不佳、连通性差等问题。疏通关键节点，构建覆盖城乡、自然连通、景观优美的绿色廊道是形成健康生态系统的需要。道路景观廊道建设工程应在保持相关项目建设成果的基础上，结合"五河十路"等项目，继续加宽加厚道路两侧绿带，更新、加植一批以彩色树种为主、色彩靓丽、特色鲜明的景观大道。

（一）骨干高速公路铁路沿线森林景观建设

进出京主要道路沿线是展示首都形象的"窗口"，是推动北京平原绿化建设的重要阵地，也是规划中完善平原绿化网络不可替代的骨干。对新建京台、京新、京开、京昆、京加等5条干线高速公路和京沈、京唐、京张、京沪、京广5条高速铁路实施绿化，每侧建设范围在30～50米的自然式绿化带，绿化长度共计425千米。在规划城区范围内按照城市休闲绿地的标准实施高标准绿化；在重点地段采用乔木、灌木、地被植物立体配置，丰富植物品种，增加彩叶树种，突出景观效果；对平原地区道路周边500米范围内低质低效林进行改造提高，加厚加密绿量不足的绿化带，并结合基底景观条件建设复合景观通道。复合景观要求沿路林带在建设过程中不光在树种搭配上模仿自然林相，重点是林带与道路、与周边大地景观相互融合，要求做到疏密有致、"车移景易"、藏露不一；在具有优美远景的区段留有林窗作为景观视廊；在绿带范围宽阔的区段可留出开阔地，使绿化林带与道路关系生动自然，而非一道"绿墙"。

规划南中轴线和北中轴线这两条首都重要轴线两侧建设不低于150米的绿化带，其中城市段可根据实际情况，结合带状公园建设，形成贯穿首都南北的绿色轴线。

（二）"五河十路"、绿色通道森林景观改造提升

改造对象为2001—2004年建设的"五河十路"绿色通道永久性绿化带，总长837.55千米，实施改造面积6.5万亩。主要技术措施包括清除现有林带的枯、弱、死树，林木补植，合理调整林相结构，丰富林木色彩品种。按改造类型分为景观提升47247亩，补植补造11806.4亩，断带绿化1810.5亩，移植间伐4136.6亩。工程共涉及13个区县160多个乡镇。

（三）道路支干景观廊道

对北京郊区70条主要道路绿廊进行新建或改造提升，面积约8.6万亩，其中新建3.6万亩，改造提升5万亩，将全市主要道路骨干廊道实现有机贯通，形成完善的道路林网廊道。

六、河流水系岸带森林景观建设

滨水区对于城市环境改善、社会文化和经济发展的重要作用被广泛重视，其作为城市中极具活力的经济社会载体和独具吸引力的环境载体将作为北京这座世界城市未来建设和规划设计重点。

针对北京市的河流，以自然水系河岸为骨架和纽带，通过重点建设"点"（在新城建设11个滨河森林公园），优化"线"（改造和提升郊区河道流域生态景观），打造具有生态、美学、休闲等多种功能的滨河森林景观带。一方面让城市居民亲近水岸感受潺潺的流水，在亲近自然的休闲游憩过程中缓解身体的疲惫获得健康，涤净心灵的尘埃获得内心深处平静而温暖的放松，从而真正得到身心的愉悦；另一方面保护和恢复自然河道，形成以其为依托的林水相依的绿色环境，并将这种绿韵贯穿、融入城乡，惠及每一个居民。

（一）主要河流沿岸森林建设

结合平原区城市水系特点和已有河道两侧绿化规划滨水绿廊，突出永定河、温榆河及潮白河三条干流贯穿平原区的线性特征，依据线性特质"长藤结瓜"，以线带点、以线连面，局部与湿地公园密切融合，支流与城市河道绿化同时加强，形成平原区的绿色水网。滨水绿廊

应注重林水结合、以水养绿、水面绿地协调共建的原则,合理扩展水域,优化配置水资源,立足于滞蓄洪水、控制污染、调节气候及美化环境(图6-3)。

建设永定河、北运河(包括温榆河、南沙河、北沙河)、潮白河(包括大沙河)每侧不少于200米的永久绿化带。

(二)新城滨河森林公园建设

重点建设11个新城万亩滨河森林公园,宏观上要将这些公园可以作为水陆连接点,把新城城区与滨河水域相连,形成自然水域与新城人居环境相互渗透的城市景观。公园自身建设要以居民对于生态环境和绿色休闲空间的需求为出发点,以亲近自然、感受自然、在自然中寻求身心的宁静和放松为主题,以对自然最少的干扰破坏和最大维护恢复最佳自然生态状态为建设手段,以更加生态的景观规划设计手法,如亲水平台、栈道、林中步道等处理人的游憩行为,使人更亲近水滨,贴近森林。另外也需要对公园周边河道及两侧的河滩地、荒漠地和林地进行近自然化和公园化的改造,构建"以水为魂、以林为体、林水相依"的开放式带状滨河绿地,提高新城宜居质量。

图6-3 主要河流绿廊

七、城市生态文化载体建设

生态文化是人与自然和谐相处、协同发展的文化，它既是中华传统文化的历史积淀，又是社会文明进步的客观反映。

以北京深厚的历史文化底蕴为依托，融入生态文明的理念，提高人们的生态意识和审美能力，构建历史文化与现代文明交相辉映的新型的绿色生态文化，是传承北京历史文化遗产的重要组成部分，也是建设生态文明社会的必然要求。

平原地区造林工程的实施，可有效提高公民的自然保护意识和科学认知水平，提高全民的生态文明观念。平原地区造林工程的建设与管理，为相关科研工作提供了实验场所和交流平台，为科普宣传教育工作提供了重要阵地和良好契机，可进一步推动首都生态事业的健康发展。

以自然保护区、森林公园、湿地公园、郊野公园、各类纪念林、古树名木等为载体的生态文化建设，有助于帮助民众树立尊重自然、热爱自然、善待自然的生态道德观、价值观、政绩观、消费观，使每个公民都自觉地投身生态文明建设。让生态融入生活，用文化凝聚力量。

（一）园林文化教育园区

依托第九届中国国际园林博览会（2013年），重点结合园博园、中国园林博物馆、国家植物园、中国生态博物馆等项目建设，大力传承北京皇家园林的优秀造园思想和造园艺术。同时，广泛借鉴世界园林发展的先进理念和技术，不断创新首都园林文化的弘扬形式，丰富园林文化的弘扬内容，建设具有首都特色的现代城市园林，塑造"东方园林之都"的城市品牌。

（二）森林文化教育园区

选择怀柔喇叭沟门等基础条件较好的国家森林公园和自然保护区，规划建设原始森林科普体验区、森林理疗体验区、森林生态博物馆等。重点活动区域标注植物名称及主要用途、花期等基本特征，定期或不定期举办野外生态文化知识讲座，普及植物学知识，使生态环保意识深入人心。

（三）湿地文化教育园区

选择海淀翠湖湿地、大兴区南海子等基础条件较好的国家湿地公园和自然保护区，规划建设自然湿地科普体验区、湿地修复展示区、湿地生态博物馆等。搭建亲水平台、观鸟平台和木栈道，展现湿地自然气息，普及湿地知识，激发人们保护湿地、爱护湿地的热情。

八、社区森林景观功能提升建设

针对北京城区居民社区、停车场、街道等居民日常生活场所，逐步构建布局合理、绿量适宜、生物多样、景观优美、特色鲜明、功能完善的城市生活绿地系统，大力提高非盈利性的福利空间绿化的数量和质量，服务城市发展和人居环境改善。

在中心城区，结合老旧小区改造和新社区建设，通过实施垂直绿化、屋顶绿化、绿荫停车场、生态社区等工程，拓展城区绿色空间并提升景观效果。

（一）森林社区

包括居民小区、学校、机关等主体，根据行业特点，营造幽雅、整洁、生态、美观的生活、工作环境，以高大乔木、生态保健树种和植物为主，集观花、观果、观叶、观树型为一体，由绿化到美化，做到四季皆有美景的效果。为人们创造空气清新、景色宜人的优美环境，同时提供锻炼身体、修养身心、休闲、娱乐的近距离场所，增添生活乐趣，提高生活质量，进而改善城市人居环境。

（二）林荫停车场

在停车场种植规格大、分枝点高、成荫快的树木，以落叶乔木为主，有条件的地方应做到乔、灌、草相结合，不得裸露土地，以发挥植物最大的生态效益。停车场地面铺可设网格状地砖，栽种绿草，并按照适合停车的距离种植树木。停车场绿地须为下凹式绿地或采用嵌草、渗水做法铺装，以利于提高雨水下渗能力，减小地表径流。

（三）立体绿化

主要针对市区机关单位、学校的建筑外墙，以及临街窗台和屋顶绿化，外墙宜采用爬山虎、五叶地锦等藤蔓植物，临街窗台绿化、铺面绿化宜采用时令花卉进行摆放。

城六区范围内鼓励实施建筑立体绿化，进行优秀立体绿化设计项目评选。

（四）街道集水绿地与雨水花园

北京夏季易发内涝灾害。城区绿化带不仅有美化城市环境的作用，其生态作用如果得到合理的开发和利用，将为北京治理城市水患提供新的解决途径。许多绿地与硬质铺装衔接缺乏生态考虑，导致许多绿地无法起到涵养天然降水、充分吸收和利用路面径流的作用。一方面绿地植被因缺水而长势不佳，需要耗费大量城市用水进行养护；而另一方面，汛期大量地表径流直接进入城市排水系统，排水不畅时出现积水等现象又十分普遍。在此背景下，北京园林绿化景观不光要向更美、更绿的方向发展，还要以更生态、更功能化为目标进行建设或改造。

街道园林绿地景观功能提升工作除了拓宽现有绿化隔离带宽度、丰富绿化植物品种、优化植物配置结构等外，还需要研究并推广低势绿地、雨水花园等工程技术，改进现有绿地与铺装接合结构，更大程度发挥绿地的生态、景观、安全等方面功能。

第七章
北京平原森林建设的政策建议

平原地区各项绿化政策的制定和出台，是适应各阶段绿化发展形势，满足绿化发展需求，推进平原地区绿化和经济发展的有力措施。随着经济社会的发展和平原绿化的推进，新政策不断推出，也出现了平原地区绿化政策较多、标准不一的问题，已在很大程度上影响了园林绿化事业的整体发展和广大农民参与绿化建设管理的积极性。因此，应积极统筹和出台有关新政策，促进首都平原绿化事业的健康和谐发展。

一、把绿化作为一项民生事业，保障生态建设规划用地供给

平原绿化建设是缓解北京突出环境问题，实现首都经济社会可持续发展和建设"美丽北京"的必要条件。一是转变土地部门属性的观念，从强化城市有生命的绿色基础设施与民心福祉事业的角度，优先保障集中连片的大型生态片林的土地供给。在当前城市各类建设用地与生态建设用地矛盾突出的情势下，要进一步解放思想，转变观念，从建设生态文明社会的高度，从提高全市生态环境承载能力出发，把平原绿化建设真正融入到首都经济社会发展全局中来认识、来谋划、来推进。二是针对绿化用地落实困难的问题，建议在制定绿化系统规划的同时根据实际情况对各区、县、乡域规划进行调整完善，本着一地一策的规划调整思路，完善和制定第一道、第二道绿化隔离地区城市发展规划。同时在规划确定的基础上建议参照第一道绿化隔离地区建设的模式，绿化建设指标与土地开发挂钩。在规划平衡的基础上推进绿化建设，让农民在绿化建设中得到稳妥安置和实惠。三是尽快研究出台对中央、市属、部队企业拆迁腾退和城市绿化代征地收缴工作的相关政策。四是平原造林后形成的林地原为基本农田和耕地的，不纳入林地管理，原土地性质不变；但要适时将其他部分纳入林地管理范畴管理。五是平原造林后形成的林地将来如果遇到重点工程征占用，纳入林地管理的，办理林地征占手续，除按照国家标准收取森林植被恢复费外，另外按照造林标准收取绿化费

作为补偿。未纳入林地管理的，不办理林地征占手续，只收取造林补偿费。

二、统筹补偿标准，建立以财政为主的多元投入动态增长机制

平原造林工作是一项重要的公益事业，其质量水平的大幅提升关键取决于政府公共财政的大力投入。要着眼于世界城市标准，在继续加大政府投资主导作用的同时，不断扩宽社会化融资渠道，合理确定一定额度的增长比例，逐步建立长效稳定以财政为主的多元投入动态增长机制。一是统筹考虑不同时期的造林政策，综合考虑土地流转、林木养护的现实成本，适度提高隔离地区、绿色通道土地流转、林木养护费用标准，尽快研究解决造林绿化的租金和养护费用在新、老政策之间不统一的突出问题，将投资标准稳定在每亩3万元以上，并建立动态增长机制；针对养护标准不统一的问题，建议尽快测算各类林地的实际养护费用需求，逐步统一养护管理标准。二是建立土地流转费动态增长机制，使土地流转费稳定在3000元以上。三是建立拆迁和补偿费由市财政统筹安排的长效机制。

三、完善绿化规划和树种规划，提升平原绿化游憩化服务水平

科学的规划设计是高质量完成绿化工程的前提。一是要以超前意识高标准规划绿化造林用地。在平原绿化造林中，要本着"以人为本、生态宜居、因地制宜"的原则，着力树立创新意识、超前意识和精品意识，坚持高标准规划设计，并与土地利用总体规划、新城规划、绿地系统规划等紧密衔接，通过统一规划，统筹安排，分步实施，保证绿化造林用地需要。二是要做好树种战略规划。为了提高造林工程质量，突出景观效果，应按照因地制宜、适地适树的原则，尽量选择乡土树种，并适当增加彩色树种的比例，形成多树种、多色彩、多层次的生态景观效果。三是要根据当前部分造林苗木规格过大，苗源紧张、苗木质量难以保障和建设成本过高的突出问题，适当降低平原地区造林工程苗木规格要求，将落叶乔木一般规格控制在3～6厘米左右，景观节点地段控制在6～8厘米左右，以利于平原地区造林后续工程的可持续、健康发展。四是根据平原绿化区城市化进程快和规划绿地就在居住区周边的突出特点，增加景观精致度、舒适度，完善林地游憩功能，增加游憩设施建设的比重，加快林间慢行系统改造的步伐，形成状态稳定、风景优美、健康和谐、宜居乐业的游园环境，使人们真正地"亲""进"绿色，使平原造林尽可能发挥出更大的社会、经济效益。

四、简化平原造林绿化工程审批程序，规范工程管理

植树造林的季节性、时效性强，项目的运作又具有复杂性。一是要积极转变政府职能，精简审批程序，做到能下不上、能简不繁，依法合规，提高工作效率，创建便捷可行的项目申报、审批机制，使手续办理时限缩短到50天以内，确保在造林前一年的8月份下达建设任务，

各区县抓紧落实地块编制方案,10月份得到工程批复,12月底前完成招投标等各项前期准备工作,为大规模春季造林赢得宝贵时间。二是进一步规范资金申请、审核拨付等流程,加强对重点工程的重点人员、重要岗位和重点环节的监管力度,强化工程参建人员的自律意识。三是制定出台《北京市平原地区造林管理办法》,建立配套的制度框架,强化行业监督管理,加大园林绿化部门的行业监管职能,凡涉及政府投资的绿化项目,其立项、审批、验收,须有园林主管部门的意见,避免出现忽视园林绿化整体规划、脱离政府专业部门监督、生态景观效果参差不齐的现象,保证政府投资效益最大化。

五、加强"三防"建设,强化平原森林管护力量和管护设施

随着北京平原绿化造林力度的进一步加大,造林绿化面积的逐年增加,森林防火形势日益严峻;与此同时,平原造林树种日趋多样化,省际间苗木调运日益频繁,平原地区林业有害生物也呈高发态势。城市森林建设"三分建、七分管",要切实加强"防火、防病虫害、防乱砍滥伐"建设,确保林木资源安全。一是适时建立平原森林消防队和森林公安派出所,做好平原地区的森林防火工作和护绿执法工作,保护平原地区森林生态资源,确保城区和人口密集区生态安全。二是把林业有害生物防治工作纳入到平原绿化造林的全过程,要进一步重视造林规划设计,防止生理性病害和非侵染性病害的发生;要严把苗木检疫关,防止危险性林业有害生物传入,加强林业有害生物监测和巡查力度;同时建议增设林业有害生物监测测报站点,确保提早发现各种疫情和灾害隐患。三是强化基层管护队伍和管护设施。针对乡级绿化管理机构缺位的问题,建议研究符合全市整体发展的有效对策,同时兼顾各区县具体情况,重新建立乡级绿化管理机构,并明确上下级隶属关系,完善管理制度,建立长效管理机制。同时,要稳定区县、乡镇各级专业养护、防治队伍和专、兼职监测巡查员,建议按每1000亩设立一个管护站,并给予0.3%管护用房的用地,同时要加快区县、乡镇防治器械的补给与更新,从根本上改变防治器械"老、费、坏"的现状。

六、建立平原绿化专职管理机构和专业养护机构,规范管护机制

一是建立专职的管理机构。平原造林工程建设持续5年,在落实地块、制定计划、编制方案、组织实施以及后期的养护管理、开发利用等方面,需要做大量专业、细致、具体的工作,需要相对稳定的机构和人员专职负责,尤其是要保持人员的连续性,应在各区县园林绿化局设立专职科室——平原造林工程办公室,配备15~20名专职人员,承担起平原造林工程的相关工作。二是建立专业的养护机构。按照政企分开、管干分离的要求,为满足生态建设的实际需要,应组建区县园林绿化管理中心,承担园林绿化重点工程的规划、设计、施工、监理、管护等工作,并负责管理和指导城区及各乡镇的养护队伍。三是探索科学的管护机制。要坚持以政府为主导,依托专业机构力量,采取市场化运作的方式,建立林木养护和绿岗就

大运河森林公园

业的工作机制，可以园林绿化部门为行业管理主体，成立全民所有制养护公司，公开招聘编外合同制养护工人，以企业的管理方式进行管理工作，形成政府出资买服务、园林绿化主管部门行业监管、企业运作、农民受益的运作机制，达到管理到位，技术应用到位，具体管护内容到位，精准投入，全面提升管护水平，达到管护成效显著的效果。同时解决农民再就业，保护失地农民利益，提高农民收入，促进农民向林业工人转变。

七、推进失地农民绿岗就业，促进绿色增收产业生态富民

认真研究推进农业结构调整，加快平原造林步伐，建立"生态受保护、农民得实惠"的平原绿化长效机制。一是推进失地农民绿岗就业，加强以当地农民为主体的营造、养护绿化专业队伍，增加绿色就业岗位，让农民实现体面就业和快乐就业。二是持续推进绿色增收产业发展，特别是研究制定平原造林工程林下经济发展的支持政策，在基础设施的建设、生产线的建设上给予保障，同时要大力发展生态文化、森林旅游等绿色产业，促进农村经济发展和农民就业增收。三是建立租地补偿长效增长机制，充分利用边角地、废弃地、不宜耕作地等土地资源，采取流转租地方式，建立租地补偿长效增长机制，维护农民土地权益。

八、加强平原造林绿化宣传，营造全社会参与的良好氛围

按照《北京市植树造林宣传报道工作方案》的要求，组织各类媒体精心策划，深入报道，

广泛宣传，充分运用消息、图片、评论、访谈等多种形式，大力宣传植树造林对于转变发展方式、促进绿色增长、推动科学发展、提高群众生活质量的重要意义。在北京电视台、北京广播电台和北京日报、北京青年报、北京晨报、新京报、法制晚报等媒体开设各种造林绿化植树主题专栏，刊发系列报道，高密度、强态势做好宣传工作，营造社会参与植树造林的良好氛围，有力地推动平原地区造林工程建设和首都绿化美化工作。

- 第八章
  平原造林与生态承载力增加

- 第九章
  平原造林与非首都功能疏解

- 第十章
  平原造林与宜居环境改善

- 第十一章
  平原造林与水资源调控

- 第十二章
  平原造林与生态意识提升

- 第十三章
  平原造林与京津冀协同发展

- 第十四章
  平原造林生态服务价值与居民满意度

- 第十五章
  北京平原造林成效综合评估结果

- 第十六章
  北京平原森林建设的问题与建议

北京平原造林工程成效综合评估

下篇

第八章
平原造林与生态承载力增加

通过对比分析平原造林工程实施前后，即2009—2015年平原区森林资源的变化情况，发现北京市在生态资源数量、森林分布格局、生物多样性等方面均有了显著提升或改善，有效增加了首都平原地区的生态承载力。

一、增加生态资源数量

（一）绿化资源总体变化

1. 总体变化趋势

新中国成立以来，北京林业生态建设经历了一个持续快速发展的过程，经过半个多世纪的持续努力，北京生态资源总量稳步增长、城市生态体系基本形成、城区园林景观全面优化、森林生态功能显著提升、林业生态产品不断丰富、生态资源管理创新发展，初步形成生态文明社会的绿色基底环境，引领着中国城市森林建设的发展趋势。站在新的历史起点上，北京市委市政府瞄准国际城市的高端形态，以构建国际一流和谐宜居之都为目标，以提升资源质量、优化绿地格局、提高空间效率、强化服务开发、繁荣生态文明为重要途径，逐步缩小与世界城市生态体系建设指标的差距，努力构建首都生态文明体系，首都生态建设已进入一个全新的历史发展阶段。

北京地区在辽、金以前曾经是一个森林较多的地方，虽然时有破坏，但程度轻微。元代以后，森林资源开始受到大规模的破坏，到明代中叶发展到极其严重的地步，以后持续遭到破坏，北京地区的森林资源经历了由相当丰富转变为极其匮乏的过程，尽管其间曾经有过一些反复，但总的趋势是不断减少的。直至新中国成立后，森林资源才又逐步进入恢复时期。

从1950—1952年三年造林13023.8公顷，平均每年造林4341.4公顷；1953—1957年，五年内共造林61786.3公顷，平均每年造林12357.3公顷；

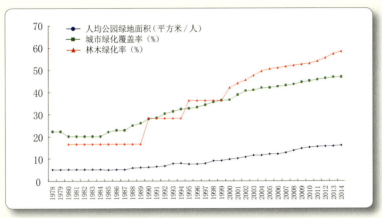

图 8-1 北京市主要绿化指标变化动态图

图 8-2 二道绿化隔离地区北五环周边绿化

1957—1960 年，三年造林 18666 公顷，为首都的绿化建设添上了重要的一笔；自 1962 年贯彻实施"调整、巩固、充实、提高"八字方针起，林业建设逐步稳定前进，1962—1976 年，15 年共造林 89829 公顷；党的十一届三中全会以后，林业生态建设进入一个新的发展阶段，以大面积的植树造林和封山育林、飞播造林、整地造林相结合为手段，以三北防护林建设工程、京津风沙源治理工程、退耕还林工程、三道绿色生态屏障、两道绿化隔离地区、五河十路绿色通道、平原百万亩造林绿化建设为带动，首都生态系统建设取得巨大飞跃，实现了森林面积、活立木蓄积量和森林覆盖率的较快增长。到 2015 年，全市的林木绿化率为 59%，森林覆盖率为 41.6%；城市绿化覆盖率达到 48%，人均公园绿地达到 16 平方米（图 8-1、图 8-2）。

2. 百万亩工程实施前后森林覆盖率变化动态

北京森林主要分布在西北部太行山、燕山山脉，呈现山区多、平原少的状态。根据 2009 年北京市第七次森林资源调查技术报告以及北京市第七次园林绿化资源普查结果，北京市拥有林地面积 104.61 万公顷，全市森林面积 65.89 万公顷，林木绿化率为 52.60%，森林覆盖率为 36.70%，绿化覆盖率（不含水面）为 43.63%，人均公共绿地面积为 14.50 平方米。其中山区森林覆盖率为 50.97%，平原地区森林覆盖率 14.85%，相差 36 个百分点。工程实施 4 年来，全市平原森林覆盖率由 14.85% 提高到 25%，净增 10.15 个百分点，带动全市森林覆盖率提升近 4 个百分点，全市森林覆盖率由 37.6% 提高到 41.6%，使山区与平原森林覆盖率差距缩小了 10 个百分点，优化了区域内的生态空间结构（图 8-3）。

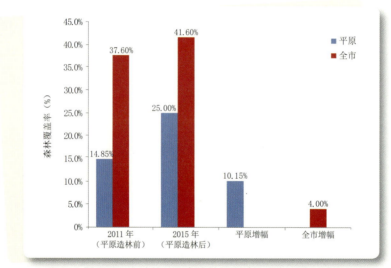

图 8-3 平原百万亩造林工程实施前后森林覆盖率变化对比图

此外，在首都功能核心区、城市功能拓展区、城市发展新区以及生态涵养发展区四个城市功能区中，城市发展新区（大兴区、通州区、顺义区、昌平区、房山区）森林生态资源斑块最为明显，4 年来共新增平原森林 841641.15 亩；生态涵养发展区（门头沟区、平谷区、怀柔区、密云区、延庆区）由于山区本身的森林生态资源基础条件较好，其增加趋势次之，新增平原森林 189509.00 亩；城市功能拓展区（朝阳区、海淀区、丰台区、石景山区）新增平原森林 65613.90 亩，位居第三；而首都功能核心区（东城区、西城区）由于城市的快速发展，城市用地与森林生态资源用地的矛盾也日益突出，基本维持了 2012 年以前的森林资源数量，增加甚微。总体可以看出，2012 年以来，北京市市域森林生态资源总体呈现不断增加趋势，城市森林本底资源较好的山区森林增加潜力较小，而平原区森林资源增加显著，其潜力也最大，为全市的森林资源增加做出了很大的贡献（图 8-4）。

从平原造林的总体布局来看，第一，平原造林后，沿着五环路及六环路形成两道平原森林环，2012 年以来"两环"新增森林面积 47684.835 亩；第二，在永定河、北运河（包括温榆河、南沙河、北沙河）、潮白河（包括大沙河）形成了三条大型的滨水绿带，2012 年以来

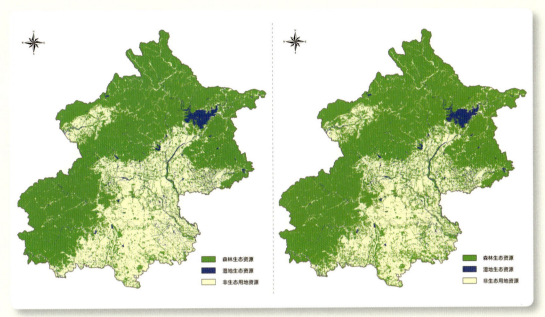

图 8-4 北京市林木绿化覆盖动态变化比较图（左：2009 年；右：2015 年）

图 8-5 永定河大兴榆垡段新造林

"三带"新增森林资源 100707.915 亩（图 8-5）；第三，在北京市的楔形限建区域内，形成多处集中连片的大尺度森林，贯通中心城区以及外围自然空间，2012 年以来"九楔"新增森林面积 471904.17 亩；第四，在重要道路、河道、铁路两侧形成多条生态廊道，2012 年以来"多廊"两侧 1000 米范围内新增森林资源 188021.235 亩（图 8-6）。从以上数据可以看出，北京平原地区原来森林资源薄弱区有极大改善，平原区森林景观格局趋向于合理化。

3. 百万亩工程实施前后北京平原地区森林数量与世界城市的差异变化

通过实施平原百万亩造林工程，北京平原地区森林资源总量在三年内实现大幅提升，森林覆盖率由 2011 年 14.85% 提高到 2015 年的 25%，森林覆盖率已与巴黎相当，但与其他几个世界城市相比仍然存在着较大的绿量落差，并在森林资源质量上存在较大差距。与世界城市

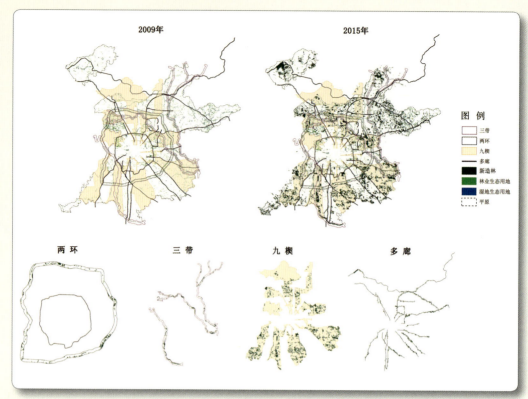

图 8-6 平原造林"两环、三带、九楔、多廊"森林资源增加示意图

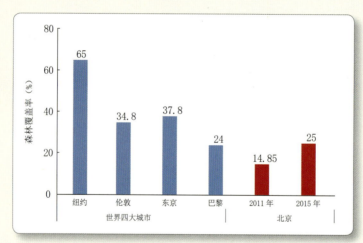

图 8-7 百万亩造林工程实施前后北京与世界城市平原地区森林覆盖率对比图

相比,北京平原地区森林覆盖率与纽约、伦敦、东京、巴黎、莫斯科等城市存在较大差距(图 8-7、表 8-1)。伦敦绿地规模大,大于 20 公顷的大型成片绿地占总绿地的 67%,大型公园随处可见;纽约曼哈顿寸土寸金,也有两处大型的自然环境,由森林、湖泊和湿地组成,总面积相当于 6 个北京故宫大小;巴黎市区有 3 处大规模森林,平均面积 1.5 万亩;莫斯科有 11 片自然森林,近 100 座大型公园、400 多个小公园和 100 多个街心花园,市区满眼绿色。

表 8-1　百万亩造林工程实施前后北京与世界城市规模与主要绿化指标对比

城市 内容	世界四大城市				北京[3]	
	纽约[1]	伦敦	东京	巴黎[2]	2011年	2015年
人口（万）	1780	800	1333	1083	1831.3	1964.3
面积（平方千米）	8683	1577	2188	12100	6338	6338
区域内人口密度 （人/平方千米）	2050	5073	6092	895	2889	3099
森林覆盖率（%）	65	34.8	37.8	24	14.85	25.0
人均公园绿地面积（平方米）	19.6	25.4	9	24.7	15.3	15.9
城市绿化覆盖率（%）	70	58	64.5	47	45.6	46.8

注：*1. 纽约人口与面积为大纽约所辖范围；
　　*2. 巴黎人口与面积为大巴黎所辖范围，含都市区与郊区；
　　*3. 北京平原区常住人口按首都功能核心区、城市功能拓展区和城市发展新区人口总量计算，北京面积为平原区面积，北京森林覆盖率（%）是指平原地区森林覆盖率。

（二）湿地建设恢复

北京历史上湿地资源丰富，分类较多，素有"海淀""温泉""先有莲花池，后有北京城"之说。根据遥感分析统计，湿地面积在 2002 年前下降趋势明显，湿地水域面积在 1992—1996 年的 5 年间减少 10.3%，而在 1996—2002 年的 5 年间减少 30.9%，北京地区现有湿地主要以河流湿地、水库湖泊湿地和城市公园湿地为主。截至 2013 年，全市大小湿地约近 2000 块，面积约为 5.14 万公顷，占北京市国土面积的 3.13%。低于全国 3.8% 和世界 6% 的水平。

北京市 2002 年以前湿地退化明显，每种湿地类型都有所减少，特别是水稻田因水资源短缺原因减少趋势极为明显。2002 年，北京市湿地保护和恢复工作进一步加强，湿地面积呈现缓慢增加趋势，特别是河流湿地、人工渠和沼泽湿地都有所增加，而水稻田湿地由于限制发展而亦呈减少趋势。

平原百万亩造林坚持林水一体建设，在顺义区杨镇，大兴长子营，平谷马坊镇、马昌营镇、王辛庄，房山窦店、长沟、小清河、琉璃河，通州宋庄镇、于家务乡等地共恢复和建设健康湿地 5.3 万亩（图 8-8），建成东郊森林公园湿地森林区、长沟湿地公园、小清河湿地公园、长子营湿地等大型湿地休闲片区（图 8-9），形成永定河、潮白河等百里湿地森林风光带，提高了生态系统质量，提升了湿地在完善首都可持续自然系统中的重要作用。

（三）评估结果

【结　论】

（1）平原百万亩造林，进一步促进了北京从传统山地林业向现代城市林业的战略转变，实现了首都生态系统森林面积、活立木蓄积量、森林覆盖率、人均公园绿地面积、城市绿化覆盖率等 5 项指标的持续增加，市域森林资源生态承载能力持续增加。

（2）平原百万亩造林，共植树 5400 余万株，使平原地区的森林覆盖率从 2012 年的

图 8-8　通过百万亩造林通州区大杜社藕塘变湿地

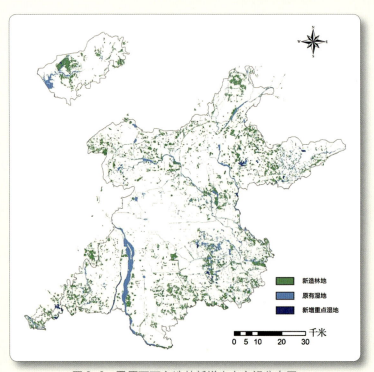

图 8-9　平原百万亩造林新增生态空间分布图

14.85% 提高到 2015 年的 25%，净增 10.15 个百分点（其中北京城市发展新区的森林覆盖率增加 12.13%），带动全市森林覆盖率提升 3 个百分点以上，极大地增强了首都功能核心区、城市功能拓展区和城市发展新区的生态发展容量。

（3）平原百万亩造林后，从平原造林的总体布局来看："两环"新增森林面积 47684.835 亩；

"三带"新增森林资源100707.915亩;"九楔"新增森林面积471904.17亩;"多廊"两侧1000米范围内新增森林资源188021.235亩。平原地区原来森林资源薄弱区有极大改善,平原区森林景观格局趋向于合理化。

(4)平原百万亩造林坚持林水一体建设,共恢复和建设湿地5.3万亩,建成东郊森林公园湿地森林区、长沟湿地公园、小清河湿地公园、长子营湿地等大型湿地休闲片区(图8-10、8-11),提升了湿地在完善首都可持续自然系统中的重要作用。

图8-10 顺义东郊湿地公园初具规模

图8-11 房山小清河沿岸造林

(5)平原百万亩造林,使北京市森林覆盖率与纽约、伦敦、东京、巴黎等四个世界城市的森林覆盖率的差距缩小了10个百分点。

(6)截至2014年年底,北京平原区森林覆盖率与世界城市的平均水平还有一定的差距,并在森林资源质量上存在较大差距。与此同时,纽约、伦敦、东京等世界城市均为海岸城市,林水生态空间布局合理,北京水资源缺乏,更需增加森林面积,扩充城市生态容量。

【问 题】

新增的森林、湿地、绿地生态空间主要是人工营造的,树木成活需要时间,森林和湿地形成具有期望生态功能更需要较长的时间;造林模式相对简单,按照城市森林功能需求的培育技术储备不足，新造林和湿地的生态养护、景观维护面临很大挑战。

【建 议】

（1）注重新造林的定向培育。在平原森林总体规划中每个地块都有不同的功能定位和愿景目标设计。要按照不同地块森林的目标景观和功能定位，制定制度性的培育技术导则和规范。

（2）利用北京林业园林科研院所多的优势，划定相应地块开展森林、湿地、绿地健康经营研究与示范，逐步摸索符合城市森林培育目标要求的森林景观健康经营技术，不断完善城市森林培育技术体系。

（3）注重乔木树种的健康和森林景观的长寿稳定。

二、优化森林分布格局

（一）市域森林格局变化

根据北京市 2009 年森林资源二类调查 GIS 数据、北京市 2014 年平原造林工程分布 GIS 数据以及北京市行政区划等基础数据，在 ArcGIS 平台下，对其空间数据进行了预处理。首先，依据 2009 年森林资源二类调查报告中的土地分类表提取出林地；其次，利用 ArcGIS 中 analysis tools 的功能，将 2014 年平原造林工程分布数据融合到 2009 年的林地数据中，以得到最新的北京市林地分布图；最后，按照林地面积的大小，以亩为单位划分不同等级的林地，并将 2009 年数据与 2014 年数据进行对比。

2009 年林地与 2014 年平原造林后林地相比，林地斑块在平原区有明显的增加，但增加的

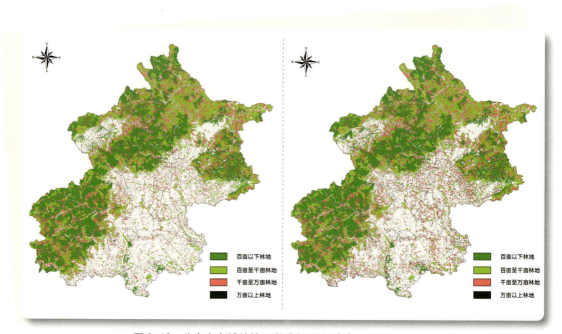

图 8-12 北京市市域林地面积分级 2009 年与 2015 年对比图

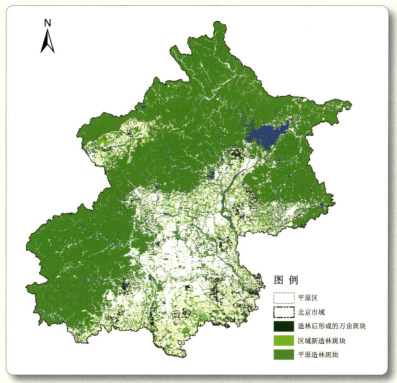

图 8-13　2015 年北京市新增万亩以上林地重点地区分布图图例

林地斑块面积较小（图 8-12、图 8-13）。为了更加准确地度量北京市市域林地分布在百万亩造林前后的变化，分别以 100 亩、1000 亩以及 10000 亩为林地面积分级单位，对其进行量化研究（表 8-2）。

表 8-2　北京市市域林地面积分布情况

林地面积分级（亩）	2009 年		2014 年	
	数量（处）	面积（亩）	数量（处）	面积（亩）
小于 100	18163	599897.98	32569	776411.93
100~1000（包括 100）	11839	3841666.15	13770	4333502.97
1000~10000（包括 1000）	2064	5078964.58	2131	5189421.59
10000 及以上	135	5890776.60	158	5917198.90

1. 不同面积林地斑块数量变化

从表 8-2 中可以看出，在北京市百万亩造林工程实施前后，百亩以下林地数量增加居首位，较 2009 年全市共增加了 14406 处；百亩至千亩林地数量增加 1931 处；万亩以及万亩以上林地增加 23 处，分别位于延庆区的蔡家河、世园会周边、龙庆峡荒滩，密云区的西田各庄，昌平区的西部沙荒地马池口、流村，平谷区的京平高速绿化带，通州区的东郊森林公园、台湖、漷县、西集、永乐店、马驹桥，大兴区的榆垡、庞各庄、北臧村、南海子、采育、魏善庄，房山区的石楼、青龙湖，顺义区的南彩杨镇交界、龙湾屯（五彩浅山）（图8-14至图8-16）。根据北京市第七次森林资源调查报告与2009年森林资源二类调查数据可得，2009年全市有林地面积1046096.37公顷（1569.14万亩），加上百万亩平原造林面积67447.59公顷（101.17万亩），2014年全市有林地面积至少增加至1113543.96公顷（1670.32万亩）。在增加的林地面积中，百亩至千亩林地贡献率最大，占增加林地面积的61.08%；百亩以下林地贡献率次之，占增加林地面积的21.92%（图8-11）。

2. 不同面积林地斑块比重变化

2009年北京市共有林地斑块数量32201个，以百亩以下林地与百亩至千亩林地居多。其中，百亩以下林地斑块占了总林地斑块数的56.41%，但是面积仅占所有林地面积的3.89%；百亩至千亩林地斑块数占36.77%，面积占所有林地面积的24.93%；千亩至万亩林地与万亩以上林地虽然为数不多，但分别占了全市林地面积的32.96%、38.22%。百万亩造林工程后，2014年北京市共有林地斑块数量48629个，林地斑块数量仍以百亩以下林地与百亩至千亩林地居多，从表8-2中可以看出，与2009年相比，2014年百亩以下林地数量占林地斑块总数的67%，较2009年增加了79.32%，增幅最为显著，其林地面积占总林地面积的4.79%，面积所占比例略有提升；百亩至千亩林地斑块数占28.33%，其数量在林地斑块中的比重有所下降，但其面积比例却又所上升，占所有林地面积的26.72%；千亩至万亩林地与万亩以上林地仍然占了林地总面积的大部分，分别为32%、36.49%，比例较2009年有所下降。

综上所述，2009年与2014年相比，北京市市域森林生态资源显著增加，林地数量与面积不断增加，态势良好。但值得指出的是，在北京市域林地生态资源中，百亩以下林地占了林地总量的大多数，其生态功能相对薄弱，生态平衡能力较差，而随着城市的不断发展，城市建设用地不断向外扩张，城市林业生态用地与城市发展用地之间的矛盾日益突出，城市能够用于林业生态发展的用地更加细碎化，这些都会为今后北京市森林资源增加与森林资源保护带来难题。

（二）平原森林格局变化

根据北京市2014年平原造林工程分布GIS数据、北京市园林绿化局提供的《北京市平原造林工程2012—2015计划任务完成情况统计表》可得，2012年北京市各区共实施了25.50万亩的造林任务；2013年共实施了36.89万亩的造林任务，完成了百万亩造林任务的36.2%；2014年共实施了37.88万亩的造林任务，完成了百万亩造林任务的38.34%，2015年完成了11.32万亩的造林任务。

1. 各区平原区造林面积与空间分布

从北京市2014年平原造林工程分布GIS数据中提取2012—2014年北京平原造林各区域造林面积，通过对各区2012—2014年的造林工程进行分析可得：

图 8-14 密云区西田各庄造林地

图 8-15 永定河石堡村周边 1220 亩景观生态林

图 8-16 房山区燕山石化公司周边万亩林

2012年北京市平原造林工程涉及除东城区和西城区外的14个区。通州区、大兴区、顺义区、昌平区、房山区为重点区域，造林面积分别为50000亩、37270亩、35518亩、35000亩和25041亩，共占2012年总造林面积的72.56%；其中通州区造林面积最大，占2012年造林面积的19.57%；石景山区造林面积最小，为281亩，占2012年造林面积的0.1%。

2013年北京市平原造林工程涉及除东城区、西城区及石景山区以外的13个区。通州区、大兴区、房山区、昌平区、顺义区为重点区域，造林面积分别为67000亩、57413.1亩、50308.3亩、45386亩和48385.2亩，共占2013年造林面积的74.43%；其中通州区造林面积仍为最大，占2013年造林面积的18.24%；门头沟区造林面积最小，为200亩，占2013年造林面积的0.05%。

2014年北京市平原造林工程涉及除东城区、西城区及石景山区以外的13个区。顺义区、大兴区、房山区、通州区、延庆区为重点区域，造林面积分别为74769.7亩、65330亩、63037.25亩、60509.4亩和25435亩，共占2014年造林面积的77.86%；其中顺义区造林面积最大，占2014年造林面积的19.22%；门头沟区造林面积最小，为1718亩，占2014年造林面积的0.44%。

2015年北京市平原造林工程涉及除东城区、西城区、门头沟区以及石景山区的12个区域。大兴区、通州区、顺义区以及房山区为重点区域，造林面积分别为39557.6亩、13817.6亩、20234亩和12962亩，共占2015年造林面积的76.51%；其中大兴区造林面积最大，占2015年造林面积的34.96%；丰台区造林面积最小，为1050亩，占2015年造林面积的0.93%。

综上所述，首先从造林的面积来看，2012—2015年北京市平原造林工程中，大兴区共造林197818.70亩，面积最大，位居第一，占总造林面积的17.86%；通州区共造林191327亩，位居第二，占总造林面积的17.27%（图8-17）；顺义区共造林180658.90亩，占总造林面积的16.31%；而石景山区造林面积最小，仅281亩，占总造林面积的0.02%（图8-18、图8-19）。

图8-17 通州区潞城镇千亩景观生态林

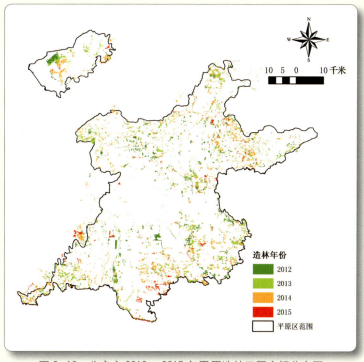

图 8-18 北京市 2012~2015 年平原造林工程空间分布图

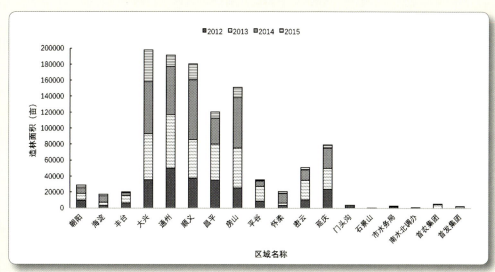

图 8-19 北京市各区 2012—2015 年平原造林工程面积（亩）

2. 各区森林面积增加幅度

由于平原区各个区的森林本底条件不同，其造林面积的大小与森林面积增加情况也不同，即造林面积较大的区其森林面积的增幅不一定是最大的。从图 8-20 中可以看出，大兴区的森林资源增加最多；通州区由于绿化本底资源较好，其森林资源增加幅度排名第二；顺义

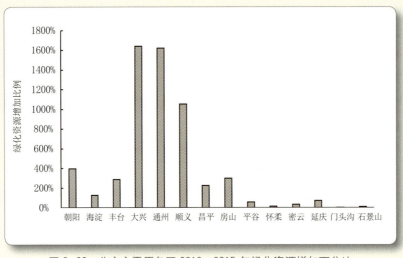

图 8-20　北京市平原各区 2012—2015 年绿化资源增加百分比

区位居第三。

3. 平原区造林前后景观格局变化

景观格局是由自然或人为形成的，一系列大小、形状各异，排列不同的景观要素共同作用的结果，是各种复杂的物理、生物和社会因子相互作用的结果。景观格局分析能够反映景观结构组成和空间配置等方面的特征，不少规划设计均要通过对森林、城市、农业、湿地等景观格局分析，确定景观格局形成的影响因子及其形成的内在机制，从而提高规划设计的科学性和实用性。

北京自 20 世纪 90 年代进入快速城市化进程以来，人口膨胀、用地紧张、环境污染加剧等问题日益突出，为改善北京市生态环境，推动首都生态文明建设，北京市自 2012 年开始实施百万亩平原造林工程，但工程实施以来，并未对平原造林后的景观格局进行量化分析，对平原造林以来各类生态用地的景观破碎度、连通性、均匀度以及人为干扰等所知甚少。为此，根据国家以及北京市的相关政策和规定，并以 2009 年的 1∶10000 北京市森林资源二类调查数据和相应比例尺的平原造林工程分布图为基础，利用 GIS 的空间分析功能以及景观指数扩张模块 Patch Analyst 4.0 计算不同景观类型的格局指数，根据北京市平原造林建设实践发展，进行景观格局指数分析，从而科学评价北京平原造林工程实施后的景观生态情况，帮助构建与城市发展相适应的平原生态保障体系，为今后的布局优化提供科学依据。

（1）数据源与预处理。以北京市 2009 年森林资源二类小班图、北京市平原造林工程分布图、2009 年绿地数据和北京市平原区界限图为基础，在 arcgis 平台下，将平原区的 2009 年森林资源二类小班和 2009 年平原区的城市绿地提取出来，而后将北京市平原造林工程分布图融合至平原区2009年的小班图中,从而得到造林后平原区的森林资源图。

(2)景观斑块类型的划分。参照国家林业局《森林资源规划设计调查主要技术规定》,结合北京市第七次森林资源调查报告和2009年第七次园林绿地普查报告中的土地分类系统,将平原造林区的景观斑块划分为4类,分别为林业生态用地、城市园林生态用地、湿地生态用地和非生态用地。需要特别指出的是,在平原造林工程图中将"建设类型"中湿地保护、湿地建设与恢复归类到湿地生态用地中,其余的划分到林业生态用地中,具体分类见表8-3。

表8-3 景观斑块类型分类

景观斑块类型	内容与范围
林业生态用地	包括除用于城市绿地建设外的有林地、疏林地、灌木林地、未成林地、苗圃地、无木林地、宜林地、林业辅助生产用地等
城市园林生态用地	包括城市公园绿地、生产绿地、防护绿地、附属绿地等
湿地生态用地	包括河流、坑塘水面、库区等水域
非生态用地	包括未利用地、农地以及其他土地

(3)景观格局指数的选取及其生态学意义。Patch Analyst可以计算矢量数据源的景观结构指数,这样可以减少矢量数据转为栅格数据后再计算景观格局指数的误差,此外,Patch Analyst所提供的景观格局指数在景观层面上有15项,在类区层面上有13项(表8-4),数据比较简洁,不需要再过多进行筛选和剔除。

表8-4 Patch Analyst景观格局指数及其生态学意义

指标分类	景观指数名称	指数缩写	生态学意义
密度大小及差异	斑块面积	CA	反映景观的组分,以及生境、能量的构成差异
	斑块数	NumP	描述整个景观异质性与景观破碎度相关
	平均斑块面积	MPS	指征破碎程度
	中位数斑块大小	MedPS	—
	斑块变异系数	PSCoV	反映该类斑块规模的变异程度
	斑块面积标准差	PSSD	反映该类斑块规模的变异程度
	斑块密度	PD	反映景观破碎化程度
形状指数	平均斑块形状指数	MSI	反映要素斑块的规则程度、边缘的复杂程度
	面积加权平均斑块形状指数	AWMSI	度量景观空间格局的复杂性
	平均周长面积比	MPAR	—
	平均斑块分维数	MPFD	度量斑块边界的复杂程度
	面积加权平均斑块分维数	AWMPFD	反映景观格局的总体特征,以及人类活动对景观格局的影响

(续表)

指标分类	景观指数名称	指数缩写	生态学意义
边缘指数	边界总长度	TE	—
	边缘密度	ED	反映景观异质性，表征景观整体的复杂程度
	平均斑块边缘	MPE	
多样性指数	Shannon 多样性指数	SHDI	反映景观异质性与破碎化
	Shannon 均匀度指数	SHEI	—

（4）平原区生态景观的要素组成结构。由表 8-5 可以清晰地看到，在 4 类景观斑块面积上，北京平原区非生态用地比重较大，占据了大部分的平原区土地，其面积比重远远超过了三类生态用地的总比重；林业生态用地面积比虽排在第二，但两者悬殊很大。在实施百万亩平原造林工程后，林业生态用地与湿地生态用地面积与斑块数均有明显提高，其中，2009—2014 年 5 年间林业生态用地面积增长了 49.61%，湿地生态用地面积增长了 0.90%，而非生态用地则减少了 10.26%，城市园林生态用地也有小幅度的减少，这是由于少部分城市园林绿地在工程实施期间，为配合项目需要，转化为部分林业生态用地，其生态功能并不受影响。由此可见，在实施平原百万亩造林工程后，北京平原区的林业生态用地有明显的增加，工程效果显著。然而，虽然林业生态用地的面积有显著增加，若将三类生态用地斑块数比例与其面积比例进行对比可以发现，三类生态用地斑块数量均超过非生态用地，表明第一轮平原造林工程实施后，虽然生态用地数量有所增多，但分布分散，面积较小，在未来的生态用地发展中，还需要注意为已有生态斑块之间构建生态廊道，以提高其生态防御的功能。

表 8-5 北京平原区生态景观要素组成结构统计

斑块类型	2009 年				2014 年			
	CA(公顷)	CA 比例（%）	Nump（个）	Nump 比例（%）	CA(公顷)	CA 比例（%）	Nump（个）	Nump 比例（%）
城市园林生态用地	35892.17	5.44	8169.00	33.56	34018.37	5.1	8998.00	27.02
林业生态用地	112481.66	17.05	12628.00	51.88	168278.59	25.37	16273.00	48.86
湿地生态用地	19075.05	2.89	2008.00	8.25	19246.67	2.90	2338.00	7.02
非生态用地	492167.33	74.61	1535.00	6.31	441680.47	66.60	5695.00	17.10
全部斑块	659616.21	—	24340.00	—	663224.10	—	33304.00	—

(5) 平原区生态景观的斑块特征。由表 8-6 和表 8-7 分析可得：

从景观破碎度来看，2009 年与 2014 年斑块数（NumP）较大的景观类型分别为城市林业生态用地、城市园林生态用地；平均斑块面积（MPS）较小的景观类型分别为城市园林生态用地、林业生态用地。斑块数的大小与景观破碎度有正相关，而平均斑块面积较小的斑块与平均斑块面积较大的斑块相比景观更破碎，因此，2009 年与 2014 年林业生态用地与城市园林生态用地景观破碎化程度较高。

从斑块的变异程度来看，2009 年非生态用地和湿地生态用地的斑块变异系数（PSCoV）较高，两者的变动程度最大，说明非生态用地和湿地生态用地的斑块大小不一，变动剧烈；而 2014 年则不同，非生态用地和林业生态用地的斑块变异系数较高，说明非生态用地和林业生态用地变动剧烈。

从斑块的空间形状复杂性上看，平均斑块形状指数（MSI）、面积加权平均斑块形状指数（AWMSI）以及平均斑块分维数（MPFD）均可以用来度量斑块形状的复杂程度，值越大代表斑块形状越复杂。综合三个指标可得，2009 年与 2014 年城市园林生态用地和林业生态用地的平均斑块形状指数和平均斑块分维数均为最大，说明其景观内部的形状较为复杂，而非生态用地虽然其斑块密度很小，但是其斑块形状指数很高，因此，受形状指数的影响，造成其较高的边缘密度。

从人为干扰程度来看，2009 年平原景观格局与 2014 年相似，非生态用地面积加权平均斑块分维数（AWMPFD）最高，而城市园林生态用地、林业生态用地、湿地生态用地面积加权平均斑块分维数较低，说明三类生态用地受人类活动干扰较大。

从平原景观的异质性来看，2014 年景观格局基本与 2009 年一致，湿地生态用地的斑块密度（PD）和边缘密度（ED）均为最小，表明其异质性不高，景观破碎度不大；而林业生态用地的斑块密度和边缘密度均较高，说明林业生态用地与其他景观要素之间、林业生态用地内部都在进行着丰富、活跃的物质交换。

表 8-6　2009 年平原区主要景观指数

斑块类型	CA（公顷）	PD（个/公顷）	MPS（公顷）	PSCoV（%）	MSI	AWMSI	MPFD	AWMPFD	ED（米/公顷）	SDI	SEI
城市园林生态用地	35892.17	0.012	4.39	481.49	2.56	2.99	1.55	1.36	13.50	—	—
林业生态用地	112481.66	0.019	8.91	581.60	2.34	3.80	1.45	1.35	27.59	—	—
湿地生态用地	19075.05	0.003	9.50	596.63	1.94	4.72	1.36	1.37	5.87	—	—
非生态用地	492167.33	0.002	320.63	3497.12	1.71	74.88	1.34	1.50	35.99	—	—
全部景观	659616.21	0.037	27.10	10395.52	2.34	56.82	1.47	1.46	82.96	0.78	0.56

表 8-7　2014 年平原区主要景观指数

斑块类型	CA(公顷)	PD(个/公顷)	MPS(公顷)	PSCoV(%)	MSI	AWMSI	MPFD	AWMPFD	ED(米/公顷)	SDI	SEI
城市园林生态用地	34018.37	0.014	3.78	492.07	2.74	3.08	1.58	1.36	13.75	—	—
林业生态用地	168278.59	0.025	10.34	650.37	2.35	4.50	1.44	1.36	39.70	—	—
湿地生态用地	19246.67	0.004	8.23	625.27	2.21	4.71	1.41	1.38	6.25	—	—
非生态用地	441680.47	0.009	77.56	6654.57	3.60	94.55	1.60	1.52	45.19	—	—
全部景观	663224.10	0.050	19.91	10720.64	2.66	64.41	1.50	1.47	104.89	0.87	0.63

注：表格中各类景观格局指数详见表 8-4。

（6）2009 年与 2014 年平原区景观格局对比。通过对表 8-6 和表 8-7 中 2009—2014 年同类景观类型的纵向比较可得：

城市园林生态用地面积增幅较小，城市园林生态用地景观破碎度、斑块变异程度、斑块空间形状复杂性以及斑块景观异质性均有小幅增加，而受人为干扰程度则保持不变。

林业生态用地面积显著增加，林业生态用地景观破碎程度、斑块变异程度以及景观异质性均明显增加，但其斑块的空间形状复杂性以及人为干扰程度则基本保持不变。

湿地生态用地面积小幅增加，湿地生态用地景观破碎度和人为干扰程度基本保持不变，而湿地生态用地的斑块变异程度和景观异质性则有轻微增加趋势。

非生态用地面积有较明显的减少，非生态用地的景观破碎度显著减少，斑块变异程度与景观异质性显著上升，斑块空间形状复杂性小幅增加，人为干扰程度基本保持不变。

对比 2009 年与 2014 年全部景观类型的格局指数，平均斑块面积由 2009 年的 27.10 降低至 2014 年的 19.91，景观破碎度降低；斑块变异系数略微增加，景观变异程度也相应有所增加；2014 年平均斑块形状指数、面积加权平均斑块形状指数以及平均斑块分维数均比 2009 年有所增加，说明其景观斑块的空间形状趋向于更加复杂化；人为干扰程度基本保持不变；但其景观异质性却明显增加；其景观多样性以及景观均匀度也有一定幅度的增加（图 8-21）。

（三）评估结果

【结　论】

（1）平原百万亩造林充分挖掘利用了土地空间的潜力，扩大了规模化片林的体量。其中 100～1000 亩林地斑块数量增加了 1931 个，1000～10000 亩林地斑块数量增加了 67 个，10000 亩以上增加 23 个，显示出平原造林一方面更加充分的挖掘了可绿化土地空间潜力，另一方面继续维持了规模化林地占主体的结构特征。

（2）平原百万亩造林，显著增加了大兴、顺义、通州、房山、昌平等生态空间薄弱区的森

图 8-21 延庆蔡家河新造片林景观

林面积,对 14 个区生态空间的增加都有贡献,有利于生态空间的均衡合理分布。其中大兴区共造林 197818.70 亩,占总造林面积的 17.86%;通州区共造林 191327 亩,占总造林面积的 17.27%;顺义区共造林 180658.90 亩,占总造林面积的 16.31%。

(3) 通过对平原区森林景观的斑块变异系数、形状指数、平均斑块分维数、边缘密度以及 shannon- 多样性指数等景观格局指数分析,可以看出:

①平原百万亩造林,使平原区 shannon- 均匀度指数增加了 12.5 个百分点,提高了平原区整体景观的均匀度,使平原区生态空间分布的均匀性和覆盖度范围增加,促进了平原区生产和生活空间与生态空间的融合分布,有利于消解城市的硬度和灰度,增加居民的绿视率,实现就近为居民提供生态服务。

②平原百万亩造林,使平原区生态空间的形状指数提高了近 14 个百分点,森林、湿地等生态空间的形状由过去相对规则的几何形状,向更加趋于自然化的形状发展,有利于增加林地、湿地的边缘效应,促进生态系统的健康和生物多样性的保护。

【问 题】

林业、城市园林、湿地等生态资源的空间连通性较差;生态资源斑块边界较为简单;生态资源小斑块居多,对生态系统功能的正常发挥有一定的影响。

【建 议】

(1) 利用河流、道路等带状景观要素,加强绿色通道建设,形成重要的生态骨干廊道。

(2) 在造林中,要按照近自然化经营措施实施和管理,以增加其边界的复杂性,优化生态功能。

(3)保证生态主体空间的大型集聚化,在平原区形成核心的森林—湿地群。

三、提高生物多样性

(一)树种丰富度

1. 树种使用量

在造林设计阶段,尽可能考虑到北京平原地区的气候和生态环境特征,把好树种关,避免中看不中用。本次造林主题是生态,发挥生态功能是第一位的(图8-22)。要主栽乡土树,多栽引鸟栖鸟树,多栽滞尘能力强的树,多栽净土能力强的树。不栽所谓名贵外来景观树。根据平原造林数据统计,工程种植量10万株以上的乔木树种有27种,其中常绿、针叶树种有5种,具体如下:

①树种使用量100万株以上的有油松、白蜡、国槐、银杏、刺槐、旱柳、毛白杨、金叶榆、栾树等9个树种。

②使用50万~100万株的有白榆、元宝枫、垂柳、侧柏等4个树种。

③使用10万~50万株的有白皮松、华山松、楸树、新疆杨、银中杨、杜仲、桑树、圆柏、千头椿、臭椿、馒头柳、法桐、柿树、丝棉木等14个树种。

2. 乔灌比例

1995—2014年,北京平原区木本树种的数量整体上是逐步上升的,2005年以后,增长速度越来越快。平原造林使用乔灌木176种,约1530万株:其中乔木77种(约1248万株),灌木99种(约282万株)。据2005年调查统计,北京市平原区乔灌比例仅为3.6∶6.4,乔木树种使用量明显不足。平原造林加大乔木用量,更加助力林木增长的势头,使实有树木总和以及增长速度达到峰值,工程中乔灌木种植量比例为8.1∶1.9,使平原区乔灌木比例达到5.7∶4.3,总量上乔木已经赶超灌木,成为北京市实有树木中比例最高的木本植物类型(图8-23)。

3. 针阔比例

平原造林使用主要阔叶乔木65种954万株,阔叶灌木95种278万株;针叶乔木12种约293万株,针叶灌木4种约4万株。

平原造林使用针叶乔木用量293万株,阔叶乔木树种用量954万株,针阔比例约为2.3∶7.7。与2010年《北京市第七次城市园林绿化普查调查报告》中,乔木针阔比例为2.7∶7.3基本持平。总体上针阔比例低于平原造林3∶7的工程设计标准(图8-24)。

4. 乡土树种比例

根据《2005年北京市城市生物多样性普查情况报告》,北京平原区有乔木树种130种,乡土树种61种,占46.9%;灌木102种,乡土58种,占56.9%。本次平原造林绿化共使用乔灌木种类176种,乡土树种使用162种。

图 8-22 京昆高速房山段新造林景观

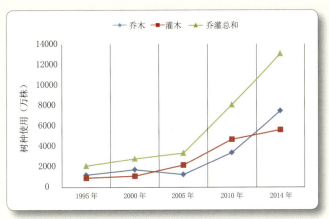

图 8-23 北京市 1995—2014 年乔灌木树种使用情况

图 8-24 延庆蔡家河新增针阔混交林

据 2014 年平原造林数据统计，共栽植树木约 1530 万株，其中乡土树种 1388 万株，占全部种植量的 91%。在乡土树种中，乔木树种 67 种，约 1112 万株，占乔木种植总量的 89%；灌木树种 95 种，约 276 万株，占种植总数的 98%。乡土／外来植物种类比例约为 9∶1。

（二）森林群落类型

1. 纯林与混交林

从平原地区森林资源树种组成来看，杨树作为最优势树种占森林面积的比例达 62.88%，其他树种如刺槐、侧柏、油松和其他阔叶树种等所占比例不足 40%。平原区除种类相对固定的商品林之外，生态林的树种也较为单一，综合导致整体森林群落结构不够稳定且较为单调，缺乏中下层植被，生态比较脆弱，生物多样性不丰富，景观效果较差，对不良环境的抵抗能力较低，容易发生大面积病虫害，也不利于涵养水源。平原造林形成 100 万亩树种丰富、景观多样的生态景观林，使平原区杨树林比重下降到 42.99%（图 8-25）。

2. 商品林与公益林

北京市全市森林资源中，公益林和商品林面积之比约为 7∶3，而平原地区二者之比不足 1∶1。其中大兴区和通州区商品林比例均超过 50%，而平谷区森林更是达到 90%。与全市森林构成比例相比，平原地区呈现商品林多、生态林少的局面。由于商品林生长周期短，生物多样性差，其生态效益明显低于公益林，使得平原地区森林的总体生态效益欠佳。平原百万亩造林工程以景观生态林和绿色通道生态林占绝对优势，实施后平原地区森林资源中公益林和商品林面积之比达到 2∶1，公益林比重显著提升，对于稳定提升平原森林的生态服务效应奠定了基础（图 8-26）。

（三）鸟类栖息地

根据文献记载，20 世纪 90 年代初期，北京市的鸟类多样性处于较高水平（375 种）。随后呈现一定程度的下降趋势，特别是 2005 年左右降到了历史较低水平（332 种），可能与这段时期北京市经济和城市化快速发展有关，在一定程度上引起生态环境出现扰动，使得部分鸟类不适应被改变的生境而离开。2009 年以来，北京市启动的较大范围环境质量升级或造林工程，提升了生态空间和绿地面积，使得部分鸟类重新回归生活，甚至出现新的鸟种记录。森林或绿地，是鸟类生活的主要场所，其有效面积的多少会影响到鸟类总的数量，其生境质量的高低会关系到鸟类的物种多样性（图 8-27）。

根据隋金玲（2005）资料显示，北京市区绿化隔离带内鸟类数量有 131 种，其中以夏候鸟为主（40.00%），区系上以古北种为主（47.33%），食性上以动物性食物鸟类为主（61.83%），取食生态位上以树上取食鸟类为主（30.53%），筑巢类型上以洞巢鸟类为主（30%）。鸟类平均密度为 9.7824 只／公顷，平均生物量为 2817.5737 克／公顷，优势种有 11 种。鸟类物种多样性指数为 3.2387，均匀性指数为 0.4605，优势度指数为 0.2137。鸟类物种数以公园绿地生境最多，鸟类密度、优势度和生物量均以公园绿地最高，鸟类群落均匀性以产业园最高，物种多

图 8-25　延庆县蔡家河景观林柳树、白蜡混交林

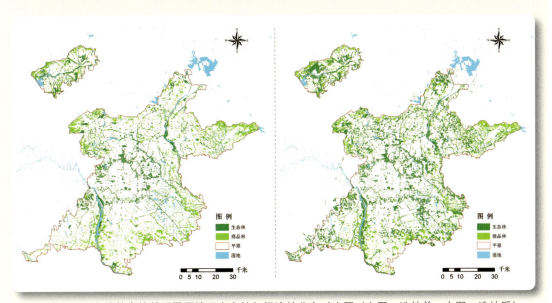

图 8-26　百万亩造林实施前后平原地区生态林与经济林分布对比图（左图：造林前；右图：造林后）

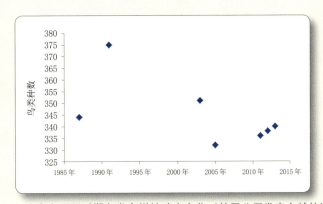

图 8-27　北京市不同时期鸟类多样性动态变化（基于公开发表文献的记录）

第八章　平原造林与生态承载力增加

样性相差不大。鸟类群落相似性以公园绿地与防护绿地生境之间相似程度最高，公园绿地与产业园生境之间相似程度最低。绿化隔离带内调查记录到食源树种48种，以朝来农艺园为最多（21种），通惠河和东坝河沿岸最少（3种）。其特点是：种类和数量较少，分布不均；不同绿化隔离带间差异较大，食源树种间搭配不合理；食源四季分布不均衡。鸟类栖息地评估结果表明，面积较大的综合性公园绿地质量最好，行道树和经济林质量最差。百万亩平原造林工程实施后，平原区林地斑块的景观多样性增加了12个百分点，这在一定程度上促进了平原区生物多样性的提高。

北京市共有鸟类340种（根据北京市观鸟会2014年调查数据），平原百万亩造林使用的主要栖鸟树种有18种1500余万株。按照北京市鸟类分布特点、密度和喜居绿地类型，预计可以形成百亩以上块状鸟类栖息地1900多处，千亩以上块状鸟类栖息地200多处，廊道型鸟类栖息地3处，可为北京现有记录340多鸟种提供栖息环境，逐步形成鸟语花香的城市环境。

（四）引鸟树种

在符合防护功能的前提下，利用其人为活动干扰较少的特点，多种植浆果植物、坚果植物等，为吸引鸟类、生物栖息等提供条件。国内外研究结果显示，大树与鸟类多样性指数呈现出显著的、正面的相关性。随着树木尺寸的增长，鸟类多样性也随之增加。因此在城市中，大树作为关键性的自然景观结构而为野生动物提供重要的生境资源。鉴于大树的特殊生物多样性价值，今后在城市森林管护工作中，需特别注意保护现有大树的生存空间，也要为其他处于生长中的中、小型树木提供发展空间而利于其最终成长为大树。

鸟类等野生动物主要的食物来源和栖息地，主要是森林或树冠至上。因此，栽种在不同季节可为鸟类提供食物来源（如产生较多花蜜、果实、种子）的树种，吸引更多鸟类到访、停留。本次平原百万亩造林使用的鸟类食源植物有柿树、海棠类、银杏、桑树、核桃、侧柏等30余种，约500万株。按照工程面积平均，每亩使用的栖鸟树种密度是19.97株／亩，使用最多的是顺义、大兴和通州生态片林。

（五）蜜源树种

本报告所指的蜜源植物，范围较广，以植物能产生花蜜为参照。平原造林使用蜜源植物有62种，1000余万株。其中乔木17种，约946万株，如白蜡、栾树、洋槐等；灌木25种，约240万株，如紫叶李、西府海棠、山桃、碧桃、山杏等；地被20种，7822178平方米，约合11732亩，如万寿菊、波斯菊、地被菊、香蒲等。按照工程面积平均，蜜源植物密度是20.37株／亩，使用最多的是顺义、大兴、房山和通州生态片林，均超过200万株（图8-28）。

（六）评估结果

【结　论】

（1）平原造林种植10万株以上的乔木树种有27种，其中常绿针叶树种有5种。

图 8-28 怀柔区桥梓镇桥梓村花海景观

（2）树种使用量 100 万株以上的有油松、白蜡、国槐、银杏、刺槐、旱柳、毛白杨、金叶榆、栾树等 9 个树种；使用 50 万～100 万株的有白榆、元宝枫、垂柳、侧柏等 4 个树种；使用 10 万～50 万株的有白皮松、华山松、楸树、新疆杨、银中杨、杜仲、桑树、圆柏、千头椿、臭椿、馒头柳、法桐、柿树、丝棉木等 14 个树种。

（3）平原造林加大乔木用量，据调查统计，使平原区乔灌比例由 2005 年 3.6∶6.4 增加到 2014 年 5.7∶4.3，总量上乔木已经赶超灌木，空间绿量明显提高。

（4）平原造林工程乔木针阔比例为 2.3∶7.7，低于平原造林 3∶7 的工程设计标准，略低于 2010 年 2.7∶7.3 的水平，继续保持以阔叶树为主的地带性森林景观风貌。

（5）平原区乡土树种从 2005 年的 119 种增加到 2014 年的 162 种，种类增加 43 种，乡土树种使用量超过 90%。

（6）平原造林后，使杨树林所占比例由 62.88% 下降到 42.99%，平原区林相单一的景观得到改善。

（7）平原造林使平原区公益林和商品林之比由不足 1∶1 变为 2∶1，公益林比例显著提升，对于稳定提升平原森林的生态服务效应奠定了基础。

（8）平原百万亩造林使用的主要栖鸟树种有 18 种 1500 余万株。按照北京市鸟类分布特点、密度和喜居绿地类型，预计可以形成百亩以上块状鸟类栖息地 1900 多处，千亩以上块状鸟类栖息地 200 多处，廊道型鸟类栖息地 3 处，可为北京现有记录 340 多鸟种提供栖息环境，逐步形成鸟语花香的城市环境。

（9）平原百万亩造林使用的鸟类食源植物有柿树、海棠类、银杏、桑树、核桃、侧柏等 30

余种,约 500 万株。

(10) 平原百万亩造林使用的蜜源植物近 62 种 1000 余万株,其中乔木 17 种,灌木 25 种,地被 20 种。

(11) 按照工程面积平均,使用的栖鸟树种密度是 19.97 株/亩,使用最多的是顺义、大兴和通州生态片林;蜜源植物密度是 20.37 株/亩;使用最多的是顺义、大兴、房山和通州生态片林。

【问 题】

(1) 从现场考察看,造林方式主要为块状混交、等距离栽植,人工林痕迹明显,造林比较规整,过于整齐划一,栽植密度过大。

(2) 需要特别注意的是,鉴于本次造林工程所用植株的平均胸径约 6 厘米,且从现场的植株生长情况来看,可推断出绝大多数乔木树种尚未达到成熟树龄,因而不能正常进入开花、结实等繁殖生物学阶段。

【建 议】

(1) 后续林分管护过程中,根据野外树木成活和生长情况,加强密度调控。

(2) 鸟类食物源可能以草本植物以及昆虫为主,进行近自然经营可以帮助增加林下生物多样性,为鸟类提供更多的食物来源。

第九章
平原造林与非首都功能疏解

> 2014年2月，习近平总书记在北京市考察工作时提出要坚持和强化首都全国"政治中心、文化中心、国际交往中心、科技创新中心"的首都核心功能，并在2015年2月中央财经领导小组第九次会议上指出，疏解北京非首都功能、推进京津冀协同发展。在这一背景下，我们发现平原造林不光落实了北京城市总体规划，而且在一定程度上推进了非首都功能疏解工作。

一、促进低端产业退出

（一）腾退低端产业占地面积

2015年以前，由于北京存在严峻的人口、资源、环境矛盾问题，而一些低端的第三产业、制造业等吸引大量外来人口，使城市更加不堪重负。北京市低端产业主要集聚在城乡结合部，类型主要包括以小歌厅、小餐饮、小网吧、小洗浴、小旅馆、小市场等为主的"六小场所"和以小化工、小木器、小服装、小加工、小作坊等为主的"五小企业"等。据初步统计，仅通州、昌平和朝阳3区的低端产业占地面积就达1886.4亩，主要包括昌平区东小口镇的旧货市场、朝阳区将台乡的小工厂、通州区张家湾镇的小作坊等。

（二）拆迁还绿

以平原造林为契机，北京市在城乡结合部加大造林绿化的同时，注重城乡结合部50个重点村、土储代拆规划绿地腾退和平原造林工程规划范围内违法建设拆除，这对调整产业、疏解非首都功能、实现"减人增绿"作出了重要贡献。据统计（图9-1、图9-2），北京平原造林工程的拆迁腾退还绿工作主要集中在大兴、通州、昌平、丰台、朝阳、海淀、顺义等区的城乡结合部，拆迁建筑面积1735万平方米，在丰台槐房、郭公庄、海淀唐家岭、通州宋庄、昌平百善、房山长阳等地区营造景观生态林18.5万亩，建成大片森林组团，彻底改变了局部区域环境脏乱差的面貌。其中，大兴区和通州区的腾退土地

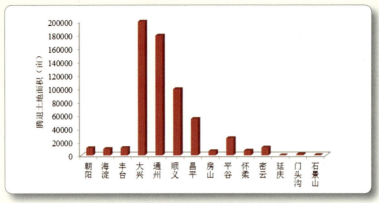

图 9-1　北京各区平原造林腾退土地面积

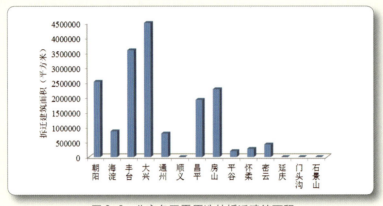

图 9-2　北京各区平原造林拆迁建筑面积

面积较大，分别占总腾退土地面积的 32.3%、29.0%；大兴区和丰台区的拆迁建筑面积力度较大，分别占拆迁地总面积的 25.9%、20.7%。由此可见，北京在城乡结合部和绿隔地区实施平原造林工程，加大拆迁腾退还绿和环境整治力度，对于改善当地生产生活环境，推动低端产业退出，促进区域经济社会可持续发展具有重要意义（图 9-3、图 9-4）。

（三）评估结果

【结　论】

北京市平原区城乡结合部低端产业主要以小歌厅、小餐饮、小网吧、小洗浴、小旅馆、小市场等为主的"六小场所"和以小化工、小木器、小服装、小加工、小作坊等为主的"五小企业"。以平原百万亩造林为契机，在城乡结合部和绿隔地区加大拆迁腾退造林和环境整治力度，拆迁建筑面积 1735 万平方米，进一步推动了农村产业结构调整，为首都经济社会可持续发展做出重要贡献（图 9-5）。

【问　题】

平原区各区的拆迁腾退还绿和清退低端产业的力度不均衡，主要集中在昌平、通州和大

图 9-3 怀柔区怀柔镇华北物资市场造林前后现场对比照片（左图：造林前；右图：造林后）

图 9-4 丰台区槐房村拆迁腾退地造林前后对比照片（上图：造林前；下图：造林后）

图 9-5 丰台区郭公庄村拆迁腾退地绿化

兴 3 个区，平原区的东北、西南部城乡结合地区的环境整治和低端产业清退有待加强。

【建议】

借助平原造林的契机，加强对整个平原区城乡结合部的环境整治和低端产业清退。

二、加快外来人口疏解

（一）疏解外来人口数量

通过在北京平原区城乡结合部开展拆迁腾退还绿工作，对于清退流动人口聚集地和疏解外来人口数量也起到积极作用。据统计，平原造林工程实施三年间，以昌平、大兴、朝阳、通州等区为重点，共清退流动人口聚集点 500 多个，疏解外来人口近 10 万人，涉及 12 个乡镇。其中，昌平区疏解外来人口数量最多，达到 5.7 万人，占总疏解外来人口数量的 56.8%，主要集中在东小口镇；大兴区次之，为 3.1 万人，主要集中在西红门镇、长子营镇和黄村镇。此外，朝阳区疏解外来人口 9400 多人，通州区为 2500 多人。从清退流动人口聚集点的数量来看，大兴区的清退力度最大，三年间共清退近 300 个聚集点，占总数的 51%；昌平区次之，为 130 个。

2012—2014 年期间，通过平原造林工程对外来人口疏解的力度各年度有所不同，清退流动人口聚集点和疏解外来人口数量总体表现为先降后升的特点（图 9-6）。2012 年是北京实施平原造林工程的第一年，也是开展土地流转、拆迁腾退还绿等工作的重要年，共清退人口聚集点 220 多个，疏解外来人口数量 3 万多人，为平原造林用地来源做好充分准备。2014 年的清退人口聚集点数（230 多个）和疏解人口数（近 5 万人）均达到最高，这与北京市从 2013 年 12 月到 2014 年 9 月在城乡结合部开展针对低端产业的专项整治行动有关。该行动的实施，进一步推动了平原造林的拆迁腾退还绿进程（图 9-7）。

（二）评估结果

以平原百万亩造林为契机，通过在北京平原区城乡结合部开展拆迁腾退还绿工作，共疏解外来人口近 10 万人，清退流动人口聚集点 500 多个，改善了平原地区的生产生活环境，进

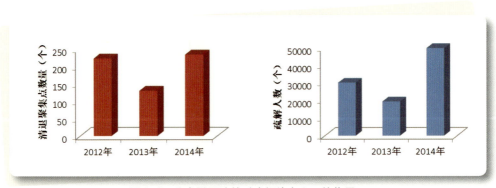

图 9-6　北京平原造林对疏解外来人口的作用
（左图：清退流动人口聚集点数量；右图：疏解外来人口数量）

图 9-7　昌平区百善村绿化前后对比

图 9-8　朝阳区豆各庄拆迁腾退地绿化——绿丰休闲公园

图 9-9　丰台区槐房拆违建绿前后对比

一步推动了平原造林的拆迁腾退还绿进程（图9-8、图9-9）。

三、落实城市总体规划

（一）平原造林与《总规》确定的城市空间结构

北京平原造林工程不仅使平原地区生态环境得到极大改善，也是对城市总体规划的落实和推进。从空间结构上看：北京平原地区的生态空间结构与全市空间结构密不可分。北京平原造林工程通过落实"两环、三带、九楔、多廊"的规划布局，规划范围内新增森林83.9万亩，在平原地区初步建成了以大面积片林为基底、大型生态廊道为骨架、九大楔形绿地为支撑、若干健康绿道为网络的城市森林生态格局，这与《北京城市总体规划（2004—2020）》（以下简称《总规》）中构建"两轴—两带—多中心"的城市空间结构相耦合。

（二）平原造林与《总规》的平原地区绿化建设要求

从建设内容上看：在《总规》的平原地区绿化建设要求中，提出"加强城市绿化隔离地区、沿河流和道路形成的绿色走廊、五大风沙治理区、风景名胜区、自然保护区、森林公园及湿地保护区等重点绿化工程的建设，构建平原地区绿地结构，形成城乡一体的绿化体系。"平原造林工程打造了沿五、六环路的森林环，沿永定河、北运河和潮白河的三条大型滨河绿带，由郊野公园组团、森林公园和大型片林构成贯通城区内外的楔形绿地，以及沿主要道路、河流形成的绿色通道和健康绿道，是对《总规》建设内容的落地和延伸。

（三）平原造林与《总规》的城乡统筹发展要求

《总规》提出"打破城乡二元结构，有效引导城镇化健康发展，构筑城乡一体、统筹协调发展的格局"的城乡统筹发展方向。平原造林工程的实施，建设了一批森林公园、郊野公园、健康绿道等精品绿化项目，极大地改变了城乡结合部昔日"脏、乱、差"的景象，使得城区和郊区在生态环境、景观风貌上逐渐协调；还通过绿岗就业、带动相关绿色产业发展，促进郊区农村经济发展和农民就业增收，使城乡经济相互促进，社会发展和谐稳定。

（四）评估结果

【结　论】

平原百万亩造林是对城市总体规划的落实和推进。北京平原地区的生态空间结构与全市空间结构密不可分。北京平原造林工程通过落实"两环、三带、九楔、多廊"的规划布局，规划范围内新增森林83.9万亩，在平原地区初步建成了以大面积片林为基底、大型生态廊道为骨架、九大楔形绿地为支撑、若干健康绿道为网络的城市森林生态格局，这与《总规》中构建的"两轴—两带—多中心"的城市空间结构相耦合。

【建　议】

进一步强化对城市《总规》蓝绿生态空间的落实，特别是六环以内规划生态空间的落实。

四、带动绿色产业发展

（一）经营养护就业

北京市平原造林工程在实施过程中，通过创新林木养护管理体制机制，吸纳农民参加造林绿化和林地的养护管理，把平原造林工程与促进农民就业有机结合，工程实施3年来，约有5万多农民参与平原造林和林木养护管理，平原造林已成为农村经济发展增长和农民绿岗就业的主要渠道。2012年北京平原百万亩造林工程启动后，平原造林所涉及的14个区都成立了林木养护管理机构，全市有102个乡镇林业站负责林木养护管理。2014年，北京市出台了《北京市平原地区造林工程林木资源养护管理办法（试行）》，其中特别规定，在养护中心、养护公司的就业人员中，招聘本地农民参加林木资源管护人数应占参与管护人员总数的60%以上，并且管护单位对招聘人员进行岗前技能培训。该《办法》的实施，进一步明确了建立以当地农民为主体的营造、养护专业队伍，是平原地区农民实现门前绿岗就业的政策保障。

截至2014年，全市平原造林工程竣工移交41.86万亩，养护队伍总数达到近500个，养护人员共计2.1万人，其中吸纳当地农民就业人数为1.11万人，超过养护人员总数的60%。养护队伍中管理人员和专业技术人员所占比例为11.82%，工人占88.18%。丰台、密云和延庆等区的养护队伍中，吸纳当地农民就业人数比例均超过80%（图9-10）。随着工程竣工移交

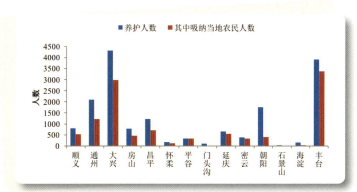

图9-10 北京市各区平原造林养护队伍吸纳当地农民就业情况

图9-11 养护工人秋季进行红瑞木修剪作业

进程的推进，全市百万亩造林工程预计将吸纳 5 万余农民绿岗就业（图 9-11）。

（二）配套服务就业

北京平原造林建设是以营造风景林、游憩林、商品林和防护林为主，具有生态、经济和社会功能，除了直接吸纳农民参与造林绿化和公园林地的养护管理，还带动苗圃、林下经济、生态旅游、经济林果等绿色产业发展，促进当地农民参与平原造林配套服务就业。从 2013 年开始，北京平原造林工程区以"造一片、保一片、富一片"为目标，大力发展林药、林花、林粮、林苗、林蔬、林草等多种模式的林下经济。从 2014 年开始发展规模化苗圃，同时出台《关于加快平原地区规模化苗圃发展意见》，要求企业安排当地农民数量占苗圃用工人数的 50% 以上。此外，在发展都市型现代农业、郊区生态旅游的同时，绿色产品生产和服务的间接性绿色岗位将吸纳更多当地农民绿岗就业，主要体现在：通过经济林果等林产品产业链，从生产到流通、销售各个环节直接提供就业岗位；通过生态建设催生的森林、乡村旅游产业就地消化和转移农村富余劳动力，还带动当地的住宿、餐饮、交通等旅游一条龙产业发展。

据统计，北京平原造林工程实施 4 年以来，各区均因地制宜地发展相关配套服务产业，涉及面积 26 万亩，吸纳当地农民就业人数 7100 多人，成为当地农民绿岗就业的一个新趋势（表 9-1、图 9-12）。在各类配套服务产业中，林下经济产业的发展规模最大，所占面积 23.7 万亩，占所有配套服务产业涉及面积的 91.19%，吸纳当地农民 5200 多人就业，所占比例达到 73.79%。其次是规模化苗圃产业，涉及面积 1.87 万亩，所占比例 7.19%，吸纳当地农民就业人数 1300 多人。而乡村旅游、森林旅游和经济林果产业所占面积总和仅 0.42 万亩，解决当地农民就业人数 500 多人。从各产业的人均年收入情况看，苗圃和经济林果产业的收入较高，在 2.0 万～3.6 万元之间；林下经济次之，为 1.5 万～3.5 万元。

表 9-1 北京平原造林各类配套服务产业情况统计表

产业类型	主要区域	所占面积及比例		当地农民就业		人均年收入（万元）
		面积（万亩）	比例（%）	人数	比例（%）	
林下经济	顺义、大兴、通州、延庆、房山	23.7	91.19	5298	73.79	1.5~3.5
规模化苗圃	通州、大兴、密云	1.87	7.19	1341	18.68	2.0~3.6
森林旅游	大兴	0.21	0.81	15	0.21	0.5
乡村旅游	大兴、房山、丰台	0.15	0.58	461	6.42	0.4~3.5
经济林果	朝阳、大兴	0.061	0.23	65	0.91	2.0~3.6

（三）绿地管理收入

北京平原造林工程专门制定了土地流转和林木管护政策，通过建立多种补偿机制，政府

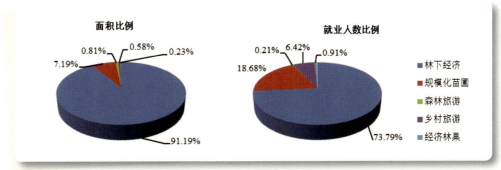

图9-12 北京平原造林配套服务产业涉及面积和当地农民就业人数比例

保障补助资金发放,把平原造林工程与促进农民增收有机结合,有力保障了平原地区农民的利益,工程造林和养护管理使得人均增收4000多元,实现了生态建设惠民富民。

一是实施土地流转补助,政府采取土地流转租地方式,市级财政部门每年给予生态涵养发展区(平谷、密云、怀柔、门头沟、延庆五个区)补助1000元/亩,其他地区补助1500元/亩,实施年限暂定至2028年,为土地流转后的农民收入提供稳定保障。平原造林工程实施3年来,市级投入资金用于土地流转达180654.5万元,14个区投入土地流转资金62665.9万元。有些区由区财政配套土地流转资金,如通州、大兴的区配套资金标准为每年1000元/亩,朝阳区为500元/亩,密云区为130元左右/亩。据统计,2012—2014年间,北京平原造林工程共流转土地88.19万亩,以村集体经营为主,占51.88%;农户家庭承包经营次之,占41.46%,涉及农户8.48万户。

二是发放林木养护管理补助,由市、区两级分担,以市场化方式对新造林进行养护,市区财政按照每年每亩林地2667元的标准给予补贴,使绿地养护管理资金有了保障。据统计,三年来,市级投入养护资金为41948.11万元,区投入养护资金为14286.98万元;平原造林养护队伍的人均年收入在20000~40000元居多,也有少数超过40000元。

三是实施腾退绿化用地地上物补偿,补偿费用由各区政府承担,补偿标准和范围由区根据实际情况自行确定。各区的地上物补偿标准不一,如耕地为1200~3000元/亩,菜地为1000~4000元/亩,少量树木的林地为600~6000元/亩,大棚为2000~5000元/亩,藕地为1800~3500元/亩。2012—2014年,全市发放平原造林腾退用地地上物补偿资金共计260157.42万元,拆迁腾退资金204691.97万元,为农民腾退土地取得了资金保障。

(四)评估结果

【结 论】

(1)平原百万亩造林,创新林木养护管理体制机制,吸纳农民参加造林绿化和林地的养护管理,14个区都设立了林木养护管理中心,成立专业养护队伍近500个,有1.11万当地农民由传统务农转为准林业工人。

（2）平原造林建设带动苗圃、林下经济、生态旅游、经济林果等绿色产业发展，加上参与工程建设和后期养护，约有 7 万多名当地农民实现绿岗就业，平原造林已成为农村经济发展增长和农民就业增收的一个新趋势。

（3）平原造林工程通过建立土地流转补助、林木养护管理补助等多种补偿机制，使平原区农民人均增收 4000 元以上，实现了生态建设惠民富民。

【问 题】

（1）不同区之间乃至同区不同乡镇之间的腾退绿化用地地上物补偿标准差距较大，导致补偿标准较低地区的绿化用地腾退困难。

（2）经营养护队伍中，管理人员和技术人员所占比例偏低，平原造林成果维持巩固难度加大。

（3）平原区农村土地的经营情况较复杂，经营主体包括村集体、大户、外来企业或个人以及农户，加上经管站不是平原造林工作领导机构的成员单位，给造林土地流转工作和相关补助资金的发放、管理带来困难。

（4）平原造林区配套服务产业类型较单一，发展不成熟，以林下经济占有绝对优势，产业富民能力有待提高。

【建 议】

（1）加强对土地流转补助、林木养护管理补助和地上物补偿等资金的监管，将其纳入"三资监管"范围，保护农民的合法收益，推动平原造林工程的顺利开展。

（2）统一制定并细化绿化腾退用地地上物补偿标准，同时加强补偿经费的监管力度。

（3）政府制定相关政策鼓励发展平原造林配套服务产业，尤其是提高当地农民参与生态旅游服务业的积极性，以改善游憩林地的服务水平，同时为当地农民就业增收提供更多平台。

第十章 平原造林与宜居环境改善

我们根据《中国森林生态系统服务功能评估》的相关规范，结合最新城市林业科学研究成果，对平原造林工程实施前后北京市单位面积新增林地的生态效益功能量和价值量进行了推算，初步量化评价了平原造林在改善空气质量、缓解热岛效应、提供游憩服务、丰富森林景观等方面的价值。

一、改善空气质量

从总体而言，随着北京市平原百万亩造林工作的深入，北京市的森林面积逐步提升，森林生态功能逐步完善。平原造林的绿化标准高，采用针阔混交形式，阔叶胸径达 8 厘米，针叶树高达 2 米以上，因此，可立地成林、立地成景、立即发挥生态服务功能，一定程度上促进全市空气质量持续改善，并降低了空气中的污染物含量（图 10-1）。

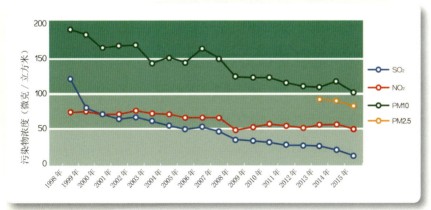

图 10-1　1998—2015 年北京市空气中主要污染物平均浓度值变化趋势
（数据来源：2015 年北京市环境状况公报）

（一）滞尘量

森林树木有独特的叶面结构，可以滞留、吸附部分扬尘等颗粒物。根据计算，百万亩造林完成后每年可滞尘12.38万吨，待林分成林发挥稳定的生态效益时，每年可滞尘133.37万吨，可以改善北京市空气污染状况。

以可吸入颗粒物（PM10）为例，从浓度变化来看，2010~2015年，全市空气中PM10年平均浓度值总体呈下降趋势，且自2015年开始，下降幅度最为明显（图10-2）。从分布情况来看，可吸入颗粒物空间分布情况与北京市森林分布情况关系密切，森林面积较大的区域，空气中的颗粒物浓度响应也较低（图10-3）。

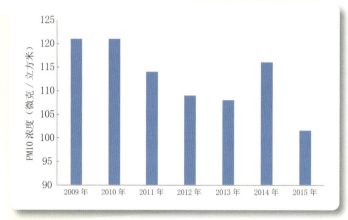

图10-2　北京市空气可吸入颗粒物（PM10）年平均浓度值变化趋势
（数据来源：北京市环境状况公报）

图10-3　昌平区水南路周边风沙治理区景观生态林建设前后对比

（二）有害气体吸收

2010年、2012年、2013年、2014年、2015年二氧化硫年平均浓度值分别为32、28、26.5、21.8、13.5微克／立方米；二氧化氮年平均浓度值为57、52、56、56.7、50.0微克／立方米（图10-4）。从2015年有害气体浓度分布差异来看，全市空气质量南北差异显著，位于北部、西北部的生态建设区好于其他区域。由于2013年1月，因极端不利气象条件影响，我国中东部地区出现大范围空气重污染，北京市污染物年均浓度值受到影响，排除此客观情况,并且结合有害气体年均浓度变化以及分布情况,不难看出,平原造林区有害气体吸收程度一方面高于平原造林前期的水平,另一方面高于其他造林面积较少区域。百万亩造林完成后,每年可使北京空气中各有害气体减少量具体为:二氧化硫0.09万吨、氟化物2.26万千克、氮氧化物3.43万千克;待林分成林发挥稳定的生态效益时,每年可以吸收空气有害气体总量为:二氧化硫0.96万吨、氟化物24.31万千克、氮氧化物36.94万千克。有效地减少了北京市空气中有害气体浓度。

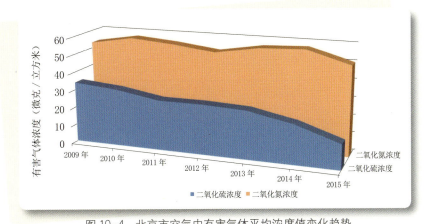

图10-4 北京市空气中有害气体平均浓度值变化趋势
(数据来源：2015年北京市环境状况公报)

(三)杀菌量

森林中许多树木都能分泌植物杀菌素,可以杀死空气中多种有害细菌,降低城市中有害细菌含量,对人体健康有十分重要的作用。根据2009年北京市第七次园林绿化资源普查结果,按照北京市单位面积生态效益功能量和价值量推算,北京市原有绿地每年可释放植物杀菌素144100吨。北京平原造林结束后,新造林地每年可增加释放植物杀菌素6900吨,待林分成林发挥稳定的生态效益时,可增加释放植物杀菌素73900吨,有效地提高了城市森林对城市环境有害细菌的消除作用,保证了城市的环境清洁程度。

(四)碳氧平衡

平原造林使北京市平均每年可增加吸收二氧化碳12.43万吨,释放氧气9.08万吨,碳储量达82.50万吨。预计林分成林发挥稳定的生态效益时,新建林地平均每年可增加吸收二氧化碳133.88万吨,释放氧气97.75万吨,碳储量达888.57万吨。充分地发挥了森林在固碳释氧中的作用。

拟定城市中每人每天吸入氧气750克,呼出二氧化碳900克,根据2014年人口抽样数据,北京市各环线人口吸氧释碳量见表10-1。可见,北京新造林在成林充分发挥生态效益之时固碳释氧量基本可以与四环—五环范围内的人口吸氧释碳量相抵,新造林对城市碳氧平衡具有显著贡献。

表 10-1 北京市各环线人口年呼吸需氧释碳量

范围	人口数量（万）	年呼吸需氧量（吨）	年呼吸释碳量（吨）
二环以内	148.1	405423.75	486508.5
二环—三环	257.3	704358.75	845230.5
三环—四环	287.5	787031.25	944437.5
四环—五环	360.7	987416.25	1184899.5
五环—六环	580.2	1588297.5	1905957
六环外	517.7	1417203.75	1700644.5
总人口	2151.6	5890005	7068006

（五）评估结果

【结论】

（1）百万亩平原造林完成后每年可吸收二氧化碳 12.43 万吨，释放氧气 9.08 万吨。待林分成林发挥稳定的生态效益时，可增加吸收二氧化碳 133.88 万吨，释放氧气 97.75 万吨，基本可以与四环—五环范围内的人口吸氧释碳量相抵，为北京市碳氧平衡做出贡献（图 10-5）。

（2）百万亩平原造林完成后每年可滞尘 12.38 万吨；吸收空气中有害气体二氧化硫 0.09 万吨、氟化物 2.26 万千克、氮氧化物 3.43 万千克；增加释放植物杀菌素 6900 吨，碳储量达 82.50 万吨。待林分成林发挥稳定的生态效益时，每年可滞尘 133.37 万吨；吸收空气有害气体二氧化硫 0.96 万吨、氟化物 24.31 万千克、氮氧化物 36.94 万千克；可增加释放植物杀菌素 73900 吨；碳储量达 888.57 万吨。

图 10-5 延庆区蔡家河新造林景观

【问　题】

北京市空气质量稳中有所改善，但是各区的可吸入颗粒物浓度均未达到国家标准；有害气体含量部分地区为国家二级年均值标准，部分地区仍然未达到标准，北京市空气质量改善之路依然任重而道远。平原造林中的森林还没有完全成林，生态功能还未能完全发挥出来。

【建　议】

持续重视对新造林的管护，全市各地区要合理分配后期养护工作任务，保证森林更快更优更多地发挥生态功能。

二、消减城市热岛

城市热岛是城市化气候效应的最显著特征之一，指的是城市城区气温高、郊区低，城市宛如"热岛"的现象。学界普遍认为，城市热岛效应是在不同的气候背景下，在人类活动特别是城市化因素影响下形成的一种特殊小气候，是城市生态环境失调引起的一种现代城市环境问题。其形成一是由于城市内部工业、人口、机动车集中，会增加大量的人为热排放，二是城市内部大量的人工建筑物又改变了下垫面的热属性，降低了城市的热容量。随着城市化进程的加快，城市热岛问题正变得愈发突出，尤其在夏季，已经严重影响城市居民的正常生活与健康。

在城市热岛效应的研究中，植被与水体是公认的最有效的抑制城市热岛效应的地表覆盖类型，其形成的"冷岛效应"，在有效减缓城市热岛效应、抑制全球气候变暖的过程中，具有极其重要的作用。同时，好的植被状况也是生态环境质量提升的最基本条件，在城市化地区，由于建设用地的急剧扩张，已经严重压缩了以植被为主体的生态用地空间，对城市的可持续发展带来了极其不利的后果。近10多年来，随着我国国民经济的迅速发展，城乡居民在生活水平稳步提高的同时，也对生态环境质量提出了更高的要求，这种要求在城市地区更为强烈。随着城市林业知识的普及，城市森林建设已经成为了各级政府重要的工作抓手和民心工程。

北京市域面积为 1.64×10^4 平方千米，本项研究旨在市域尺度上，探讨热场与宏观植被的相互作用关系，因而我们选择了中尺度的 Landsat TM 卫星影像作为了本次研究工作的唯一信息源，由于该卫星数据时间序列长、覆盖区域广，非常适合本次研究工作的需要。考虑到卫星影像的侧向重叠，本次研究分析采用的 TM 卫星影像数据轨道号分别为 123/32、123/33（图10-6）。由于自2012年开始实施的百万亩大造林工程主要的施工区域在平原区，而且北京市的造林工程又以春秋两季造林施工为主，所以在卫星影像的具体时间选择上，我们选择了2014年9月4日的 Landsat-8 卫星影像来作为基本的分析数据源。自美国地质调查局（USGS）网站下载了相关分幅的 L1T 级影像数据之后，我们在 ERDAS2011 软件平台上对相关影像进行了大气校正。

北京市的百万亩平原造林工程开始于2012年，截至2014年年底已经完成工程造林任务101.17万亩，比原来工程预期提早两年完成了建设目标。用于此次造林工程分析的平原造

图 10-6 北京市 TM 卫星影像接合表与 2014 年 9 月 4 日影像

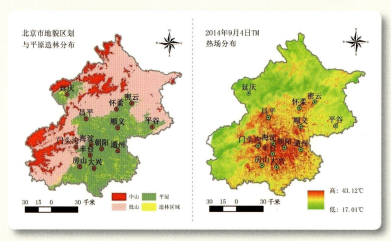

图 10-7 北京市平原造林分布与热场分布

林地块数据来源于北京市林业勘察设计研究院,该数据是在航片基础之上通过野外调绘而成(图 10-7)。

为了突出平原区热场的时空分异特征,同时也是为了更有针对性地研究目前存在的问题,从而为以后的生态建设、环境管理提出一些有针对性的措施建议,我们根据平原区地貌分异特点、人类活动强度以及城市建设用地的空间扩展特点等,将整个平原区划分为延庆盆地、六环以北平原、六环以南平原和六环以内等 4 个区域单元(图 10-8)。

(一)亮温变化

1. 总体亮温变化

绿色植被斑块的冷岛效应空间包括了两个方面:绿色斑块本身所占据的地表区域以及紧靠绿色植被斑块外围一定距离范围内的非绿色植被空间范围。相关的文献资料表明,公园绿地降温效应的最大外围边界距离在 240 米左右,为此,我们利用 GIS 的缓冲区分析功能,以现有的百万亩平原造林地斑块为中心,在其外围 0~500 米范围内,以 50 米为基础做缓冲区,

图 10-8 北京市平原区分区图

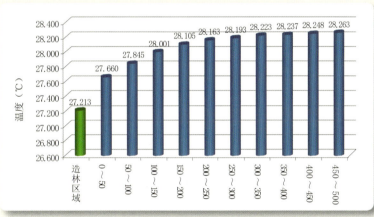

图 10-9 平原造林地斑块降温效应的缓冲区分析

通过比较不同缓冲区的平均温度,一方面可以清楚地显示林地斑块的冷岛效应强度大小,另一方面也可以看出林地斑块的降温效应随绿色林地空间斑块距离逐渐变化的特征,相关的统计结果如图 10-9。

从图 10-9 的结果我们可以看出,造林地斑块总的平均温度为 27.213℃,而在其边界之外,随着与林地斑块距离的不断增大,林地斑块的降温效应在逐步减小,350 米以上的缓冲区范围内,其温度变化几近饱和,据此我们可以初步认为,林地斑块降温效应的最大边界距离在其边界之外 350 米左右。以 350~400 米缓冲区距离内的平均温度作为本底背景温度,则林地斑块的降温幅度最大,达到了 1.023℃。在林地斑块外围的有效降温距离内,以最靠近林地斑块的在 0~100 米的缓冲区距离范围内的降温效果最大,可以达到 0.392~0.577℃,随着距离林地边缘距离的逐步递增,其降温效果在逐渐减弱,在林地斑块外 150~200 米的距离范围内降温效果还可以达到 0.123℃,而到了 300~350 米的距离范围内,降温幅度仅为 0.014℃。

图 10-10　北京市平原造林不同区域的林地斑块亮温比较

2. 不同区域造林地斑块的亮温差异

根据前述的平原分区方案,对各区域 2014 年 9 月 4 日的亮温统计结果如图 10-10。

从图 10-10 可以看出,不同区域的平原造林地块,其温度差异还是非常明显的。其中以延庆盆地的造林地斑块的温度最低,平均只有 24.718℃,比全市造林地斑块的平均温度整整低了 2.5℃,这可能与延庆盆地地处燕山山脉包围之中,且其海拔平均较高有关。而在最大的北京平原区,以六环以内的新造林地块的温度最高,达到了 28.126℃,比全市造林地的平均温度高出了 0.913℃;而六环以南和六环以北两个区域的造林地斑块平均温度相差不大,但均比全部造林地斑块的平均温度略高。而从亮温温度极差来看,其区域差异要比平均亮温的变化明显许多,其总体呈现了沿延庆盆地—六环以北—六环以南—六环以内这一梯度逐步扩大的规律。

3. 不同造林年份的森林景观斑块的亮温差异

北京市的平原造林工程实施起始于 2012 年,截至 2014 年,共完成了平原造林任务 68050.98 公顷,由于不同造林地块的造林年份差异,这势必也会在植树造林的早期阶段在植被的降温效应上有所反映,为了量化这种差异,我们也对不同造林年份的林地斑块的平均亮

图 10-11　不同造林年份林地斑块的平均亮温

温进行了统计（图 10-11）。

从图 10-11 可以看出，不同年份造林地斑块的亮温温度差异还是客观存在的，但其绝对差异的幅度较小，差异值介于 0.05～0.13℃之间，其中 2012 年和 2013 年造林地块的亮温平均值要大于区域林地整体的平均亮温。尤其值得注意的是，我们的统计结果显示，越是造林晚的林地斑块，其降温效果似乎越明显，这与我们一般的认识有所差异。一般而言，造林地的时间愈长，其系统的稳定性愈高、系统的生长发育状况愈好，因此其降温效果愈明显。之所以会出现这种反常变化，我们认为，主要有两方面的原因。首先是林地斑块的景观格局的差异，有大量的国内外研究结果表明，景观的破碎化对于绿地斑块的降温效应有很大的影响，破碎化程度愈大其降温效果愈小。在景观生态学中，用于刻画景观破碎化程度的常用景观格局指数主要有景观斑块的面积—周长比率、斑块的分维数和平均斑块面积，对于自然景观或者以自然景观为主的自然—人为复合景观而言，这三个指数具有同等的解释效力，但对于像百万亩平原大造林这样形成的完全人工化景观而言，前两个指数已不适合用于测度其破碎化的绝对程度，只有平均斑块面积适用于刻画其景观整体的破碎化程度。从相关年份造林地块的平均斑块面积变化情况来看（表 10-2），按照 2012—2014 年的时间序列，其呈现出了逐步增大的变化过程，这种变化表明，其斑块类型尺度的破碎化程度是逐年减小的，这在一定程度上形成了上述降温效果的时间变化格局特点。

表 10-2 平原造林地斑块的景观格局指数

年 份	周长—面积比率	斑块分维数	平均斑块大小（公顷）	斑块数量（个）	面积（公顷）
2012	1169971.26	1.4025	5.69	3023	17192.08
2013	11675.14	1.3764	6.21	3947	24721.30
2014	7904.22	1.3951	7.11	3678	26137.60
合 计	28431.15	1.3932	6.39	10648	68050.98

除了破碎化的原因之外，对于北京市平原造林具体而言，我们认为上述情况的出现还与工程造林类型中的湿地保护与建设有一定的关系。在平原造林工程的实施过程中，共包括了景观生态林、绿色通道和湿地保护与建设等三大类型（表 10-3），从三大类型工程的总体情况看，平原造林以景观生态林建设和绿色通道建设为核心，两者合计的工程份额达到了 98%以上；从年度推进情况来看，这两类工程的推进情况虽然 2012 年与其他两个年份有一定的差异，但 2013 和 2014 两年的推进幅度与比例相差不大，年度推进中幅度变化最显著的是湿地保护与建设工程，2012 年实施的工程面积仅占 3 年来该类工程实施总量的 7.94%，2013 年的占 22.88%，2014 年的实施面积占到了工程总实施量的 69.17%。苏泳娴等（2010）在广州公园绿地降温效应的研究中发现，当公园绿地中的水体面积大于 12.89 公顷时，公园的降温效果会更加明显，也就是说林水的有效结合可以增强绿地的降温效果。2012—2014 年平原造林地块温度变化的年际差异应该与此有很大的关系。

表 10-3　平原造林地斑块尺度的景观格局指数

类　型	2012 年		2013 年		2014 年		合　计	
	面积（公顷）	比例（%）	面积（公顷）	比例（%）	面积（公顷）	比例（%）	面积（公顷）	比例（%）
景观生态林	12392.92	25.62	17691.88	36.57	18292.53	37.81	48377.33	71.09
绿色通道	4697.03	25.54	6735.16	36.63	6955.57	37.83	18387.76	27.02
湿地保护与建设	102.13	7.94	294.26	22.88	889.50	69.17	1285.89	1.89

（二）造林地斑块尺度大小的降温效应

1. 斑块大小的统计分析

根据景观生态学理论，景观斑块的大小不同，其内部的包含物质与能量有差异，因此会影响到景观斑块的一些表观功能特征，因此，在景观生态学中，斑块大小的尺度分析占有很重要的一席之地。根据郭晋平的林地斑块划分标准对 3 年来北京平原造林地块的斑块尺度所做的统计结果如图 10-12。

从图 10-12 可以看出，在林地景观斑块数量上，以小斑块占绝对优势，其数量比例占到了全部斑块数量的 83.64%，其次为中斑块类型，但其数量比例只有 11.82%，其他斑块类型的数量比例都在 3% 以下。从林地景观斑块的分级面积来看，与斑块数量变化具有相同的变化趋势，但变化的剧烈程度要缓和了许多。大致可以分为 3 个量级：中、小斑块为第一级，其所占的面积比例都在 25% 以上；中大斑块与大斑块为第二级，所占面积比例在 10%～15% 之间；超大斑块与巨斑块为第三级，面积比例均在 10% 以下。

图 10-12　平原造林地斑块大小的尺度分析

2. 不同等级斑块的亮温分析

不同规模大小的林地斑块的亮温统计结果如图 10-13。

从图 10-13 可以看出，斑块大小对亮温的影响总体来说是斑块面积尺度越大，降温效应

图 10-13 不同等级林地斑块的亮温分布

越明显。例如，面积小于 10 公顷规模的小斑块，其平均亮温为 27.48℃，比林地斑块的平均温度 27.21℃ 高出了 0.27℃，中斑块、中大斑块和大斑块类型的亮温情况与小斑块类似，其平均温度也都高于全部林地斑块的平均亮温，只有超大斑块和巨斑块的平均亮温分别比全部林地斑块的平均亮温分别低了 0.43℃ 和 0.42℃。

（三）平原造林工程的降温效应评价

对于植被的降温效应国内外都做了大量的工作，其基本流程是：首先计算植被蒸腾所吸收的热量，之后再在温度降低的能量被全部用于植被蒸腾作用的假设前提下，将温度降低的数值转换为植被蒸腾消耗的热量值，之后通过电能节约环节，再将热量值转换成电能；最后通过居民用电电价就可以将夏季林地的降温功能转化成以货币量化的生态价值。

参照杨士弘 (1994) 等的研究方法及其在北京计算时的相关参数，按照每年 90 天的高温期计算，计算结果见表 10-4。

表 10-4 北京市平原造林降温功能评估

区　域	范围（米）	面积（公顷）	降温值（℃）	每天蒸腾吸热*	90天高温期蒸腾吸热*	降温价值（亿元）
核心降温区	林地	68050.98	1.0233	209912.48	18892123.18	2.6260
外围降温区	0~50	46890.95	0.5769	81543.70	7338933.33	1.0201
	50~100	39653.72	0.3915	46796.84	4211715.73	0.5854
	100~150	37088.18	0.2354	26317.39	2368565.07	0.3292
	150~200	34841.10	0.1316	13821.29	1243916.15	0.1729
	200~250	32551.24	0.0734	7202.19	648197.00	0.0901
	250~300	30535.51	0.0433	3985.60	358704.19	0.0499
	300~350	28652.19	0.0135	1165.98	104938.54	0.0146

* 单位为 10^6 焦。

从表 10-4 可以看出，平原造林地块除了其自身 68050.98 公顷的降温面积之外，通过冷岛效应向周边的辐射作用，形成的降温面积总计可达 250212.88 公顷，其中降温辐射较强的 0~100 米外围边界范围内即达到了 86544.66 公顷，已经高于造林本身所覆盖的地表面积。从其蒸腾降温所消耗的热能来看，每年林地本身降温节能 209912.48×10^8 焦；外围间接降温节能总计 180833×10^8 焦，其中 0~100 米外围边界范围内降温消耗的热量占到了 70.97%。

按照居民用电价格 0.5 元/千瓦时计算，平原大造林引起的降温效应总价值为 4.8882 亿元，其中林地本身的降温价值达到了 2.626 亿元，占总价值的 53.72%，通过本身冷岛向周边辐射引起的间接降温效应的价值为 2.2622 亿元，其中紧靠林地斑块外围 0~100 米范围内的间接降温价值达到了 1.6055 亿。

（四）评估结果

【结　论】

（1）北京平原森林具有显著的热岛消减效应，新增的百万亩林地本身及降温辐射较强的外围 100 米范围总面积达 154596 公顷，热岛效应消减范围约占平原区总面积的 24.39%。通常林地斑块外围的有效降温距离在 350 米左右，降温效果随着与林地边缘距离的逐步增加而逐渐减弱，其中 0~100 米的缓冲区距离范围内的降温效果可以达到 0.392~0.577℃，150~200 米的距离范围可以达到 0.123℃，300~350 米的距离范围逐渐减低到 0.014℃。

（2）平原造林地块除了自身 68050.98 公顷的降温面积之外，通过冷岛效应向周边的辐射作用，还将形成 250212.88 公顷的降温面积，其中降温辐射较强的 0~100 米边界外围范围即达到了 86544.66 公顷，已经高于造林本身所覆盖的地表面积。

（3）平原百万亩造林注重大斑块造林的降温相应逐渐显现，2014 年林地平均斑块面积为 7.11 公顷，比 2012 年增大 1.42 公顷，林地降温效应更加明显。

（4）按照居民用电价格 0.5 元/千瓦时计算，平原造林引起的降温效应总价值为 4.8882 亿元，其中林地本身的降温价值达到了 2.626 亿元，通过本身冷岛向周边辐射引起的间接降温效应的价值为 2.2622 亿元。

【建　议】

（1）关于造林斑块大小。从前面的斑块尺度对亮温降低的效应来看，虽然不是直观的线性变化，但总体趋势是：斑块面积越大，降温效应越明显。其中以面积 100 公顷以上的斑块其降温效应最为显著。这就提示我们，在今后的平原人工造林与平原人工林的后续经营中，在工程设计之初就应该注意到林地斑块大小的问题，尽量利用地形与地势，建立大的林地斑块，这样一方面有助于增强建设林地的降温效应，另外，面积大了之后，也更有利于后续的以郊野公园等形式为主体的林地生态效益的深度开发利用。

（2）关于林水结合。植被与水体是现代城市中对抗城市热岛效应最有效、最持久的手段，从前面的分析中我们也可以看出，以湿地保护与建设的工程类型对于区域植被的降温效应具有更好的促进作用，北京缺水是众所周知的现实情况，但从减弱热岛效应方面来看，在已经造林地段的后续经营中，应该注意林水结合的问题，通过水要素的有效介入，可在更大程度上缓解城市热岛效应。另一方面，应该在今后的城市生态环境建设工程中，加大湿地保护与建设工程的数量与规模，第一轮平原百万亩大造林工程中其规模小于2%，如果能够将湿地工程规模提升到5%～10%，则对于森林冷岛效应的充分发挥将会起到更大的促进作用。

（3）关于造林斑块空间构型模式。林地是由大大小小不同规模和形式的林地斑块所组成的，其空间配置对林地的降温效应有明显的影响，今后在营林与造林过程中，除了按照近自然化经营措施实施和管理，以增加其边界的复杂性，进而提高其降温效应之外，还应该在空间配置时，充分考虑冷岛效应的间接影响范围，林地斑块之间的距离以100～500米为最佳，这样可以充分利用林地冷岛辐射扩散距离特点，空间上避免形成冷岛辐射与扩散效应的覆盖盲区。

三、满足居民需求

（一）负氧离子含量

空气负氧离子是一种带有负电荷的气体离子，具有抑菌杀菌、除尘除臭的作用，可以中和辐射、沉淀空气有害颗粒、清新空气，同时还具有抗氧化（还原性）防衰老、提高身体免疫力的突出作用，对人体的健康十分重要。城市森林面积的增加可以有效地提高空气负氧离子的含量，从而在居民游憩活动中，提高其健康水平。按照理论与实践结果，新造林地区负氧离子浓度含量平均可达到700个／立方厘米，对居民日常活动有益；待林分成林发挥稳定的生态效益时，新造林地区负氧离子浓度含量可达到1500个／立方厘米以上，形成负氧离子浓度较高的众多森林片区，为居民日常活动提供更加健康的环境（图10-14）。

图10-14　昌平区百善景观生态林

（二）保健植物比例

保健植物是指一些可以向环境中释放微量的挥发性有机物（VOCs）的植物，根据国内外研究结果可知，这些挥发性物质不仅仅对植物生长、空气微生物抑制以及病虫害防治具有重要作用，同时可以对人体生理以及心理产生积极的影响，促进人类身心健康。保健植物的种类是十分丰富的。北京地区较为常见的保健植物有油松、白皮松、圆柏、国槐、紫叶李、金银木、红皮云杉、雪松、珍珠梅、暴马丁香、月季等20余种。

根据造林数据可知，北京平原造林树种乔灌木总和达1530万株，其中保健植物共计383万株，占总造林数的25%。这些保健树种对居民身心健康具有重要作用。

（三）游憩服务

1. 健身场所数量

北京平原造林新增了许多的健身场所，共建设500多处休闲林地绿地，修建林间简易步道1000多千米（图10-15）。如全长36.09千米、绿地20.54公顷、改造现有绿地30.8公顷的三山五园绿道，串联起香山、颐和园、圆明园、植物园等公园，古香道、御道、功德寺、妙云寺等古迹，是居民日常健身的好去处（图10-16）。

图10-15　顺义区健康绿道

图10-16　海淀区三山五园地区远景图

通过1800余份问卷发放，对平原造林后居民对健身地数量感受情况进行调查，发现有69%的人认为周边公园或绿地等健身场所的数量增加了，从统计学角度来讲，健身场所数量的提高已经被一半以上居民感知到，健身场所建设成效还是较为显著的。对于居民区周边健身场所可达性的评价中，38%的居民认为健身场所距离为500～1000米，27%的居民认为健身场所距离为500米以内，从此数据来看，健身场所数量分布较为均匀，基本可以满足居民1千米之内即可健身的活动需求（图10-17、图10-18）。

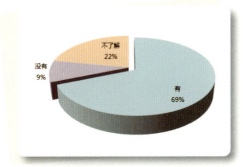 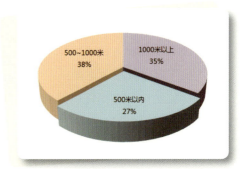

图10-17 平原造林后居民对健身地数量感受情况　　图10-18 平原造林后居民对健身休闲绿地可达性感受情况

2. 全年人均绿地健身时长与频次分析

本次评估对平原造林区居民健身时长与频次进行了问卷调查，问卷共发放1800余份，调查结果显示，居民每周健身1～2次、每次健身1～3小时的人数占大多数。

具体来说，健身时长方面：56%的居民选择每周健身1～3小时，31%的居民选择每周健身3～5小时，5%的居民选择每周健身5小时以上，另外8%的居民健身没有固定的时间长度，可能因个人情况进行变化调整。

健身频次方面：64%的居民选择每周健身1～2次，19%的居民选择每周2～3次，9%的居民每周3～4次，8%的居民每周4～7次（图10-19、图10-20）。

通过调查数据可知，健身活动对居民的日常生活以及时间消耗上的重要性是比较大的，建设森林型建设场所是保证居民享有安全健康健身环境的一种必要手段。

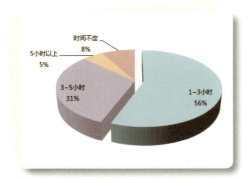 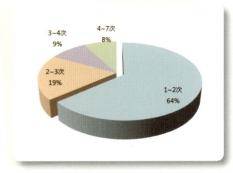

图10-19 平原造林后居民对健身地数量感受情况　　图10-20 平原造林后居民对健身休闲绿地可达性感受情况

3. 平原造林区年健身人数情况

根据本次问卷调查,北京平原区人口日常开展健身行为的人数占总人口数约50%,北京市平原区总人口约2151.6万人,开展游憩的人口总数约为1075.8万人,其中开车出行的人口约为266万。根据健身频次调查,可知市民周平均健身次数为1.8次,则年平均健身次数为93.6次。所以,平原区各健身场所每年健身人次总共约为10亿(计算过程如下)。

(1) 日常健身人数计算:

已知:北京平原区日常开展游憩行为人数占50%(问卷统计),北京平原区总人口约2151.6万人。

可计算:日常健身人数 =2151.6×50%=1075.8万人

(2) 居民年均健身频次计算:

已知:64%的居民选择每周健身1～2次,19%的居民选择每周2～3次,9%的居民每周3～4次,8%的居民每周4～7次。

可计算:居民年均健身频次 = 居民每周平均健身频次 × 周数 =1.8×52=93.6次

(3) 所有健身场所健身人数总和计算:

所有健身场所健身人数总和:健身人数 × 年健身频次 =1075.8×93.6=100694.88万人 ≈ 10亿人。

(四)平原区旅游承载力

平原造林前,北京市的主要森林旅游点都集中在西北部地区,平原区森林旅游点较少,较多居民选择在平日以及节假日去西北部山地森林开展旅游活动,造成北京西北部森林旅游承载力大,以及西北部交通拥堵。

百万亩造林后,在北京平原区增设了众多城市公园(如南口生态休闲公园、台湖中心公园、世博园等)、森林公园(如中关村森林公园等)、湿地公园(如南海子公园二期等)以及休闲游憩绿地,一定程度上缓解了西北部山地较大的旅游压力(图10-21、图10-22)。

根据调查问卷可知,在平原造林之后,居民在平时以及周末、节假日出行选择时,周边地区的游园疏解了一定数量的西北部地区的森林旅游人口。在平常游憩活动中,居民选择去郊区较远地区旅游人数占18%,而在节假日占有36%,从数据可知,无论是平时还是节假日,居民在其所在地周边游憩的人数比例是较高的,分别为71%和56%(图10-23、图10-24),这就说明平原造林区公园以及公共休闲绿地成功地疏解了西北部游憩压力,平衡了北京各地区游憩人数的分布,对公众就近旅游以及疏解城市交通压力,间接减少生态足迹做出了重要贡献。

(五)评估结果

【结 论】

(1) 平原百万亩造林工程实施后,森林对居民健康服务供给能力大幅提升,新造林地区负氧离子浓度含量平均可达到700个/立方厘米;待林分成林发挥稳定的生态效益时,新造

图 10-21　海淀中关村森林公园

图 10-22　大兴庞各庄京开高速旁休闲绿地

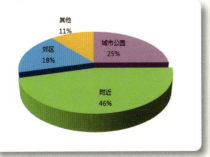

图 10-23　日常游憩选择

图 10-24　节假日游憩选择

林地区负氧离子浓度含量可达到1500个/立方厘米以上。造林树种应用中，其中保健植物占总造林数的25%。

（2）从健身需求满足情况上来看，69%的人认为周边公园或绿地等健身场所的数量增加明显，65%的居民基本可以在1千米之内到达森林健身绿地，83%的居民每周会开展1～3次健身活动，说明森林健身场所增加满足了大多数居民的日常健身需求。

（3）每年平原区有10亿人次开展健身活动，71%和56%的居民选择在平日和节假日在周边进行森林游憩活动，平原造林为疏解北京西北部郊区游憩压力以及减少道路拥堵情况做出了贡献。

【问 题】

部分地区居民健身场所可达性一般，35%的居民所在的居民区距周边健身地超过1千米，健身场所的分布数量仍需要再进一步提升；有些健身场所分布未能与居民分布区相结合，缺乏知名度，交通不便。

【建 议】

适当合理的改造已建成的绿地，增加健身设施，使其成为可进入的可使用的自然健身场所。

四、提升森林美景

（一）森林景观变化

平原造林过程中，通过丰富的乡土树种的使用、近自然模式的配置、休闲游憩设施的完善，打造成片的自然森林景观，造林面积达11228亩，改变了过去平原区以单纯的阔叶林造林为主的单调的森林景观风貌，形成北部近自然的森林景观轴、东部林水交融的郊野森林景观风貌、南部大色块的大地森林景观风貌、西部历史文脉与森林相结合的人文森林景观风貌等四大片区11处风格各异，兼具休闲健身、游憩观光功能，充满自然野趣的连片地带性自然森林景观，让森林走进城市，也填补了城市自然休闲空间的不足（图10-25、图10-26）。

（二）湿地森林景观

平原造林将湿地的保护和利用作为其重要内容，对湿地生态系统进行抢救性保护和利用，在湿地周边闲置地种植大量湿地植物，营造大片湿地生态景观林，构建湿地植被群落，完善游憩设施和科普设施建设，恢复生物栖息地，保证了湿地面积、恢复了湿地资源、促进了湿地系统良性循环，三年共恢复和建设湿地森林景观5.3万亩，形成了以南海子湿地、环渤海总部基地湿地、翠湖湿地等8处湿地森林景观，缓解了北京城市化过程中湿地萎缩、退化、消失的问题，使湿地得到保护，使北京市民在城市中依然能感受到湿地风光（图10-27）。

（三）郊野滨河森林风光

平原造林将永定河、温榆河及潮白河作为一级滨水绿廊打造，增加小河，注重林水结合，

图 10-25　朝阳区北小河公园

图 10-26　顺义东郊森林公园

图 10-27　马坊湿地公园

清退河道内滩地全部农田，在河道两侧建设 150～200 米宽的永久性绿带，并设置 1～2 千米宽的控制范围，生态树种与景观树种相结合，造林面积达 20.64 万亩，形成 3 条骨干河流为主，清河、坝河等 8 条骨干支流相连，贯穿京城南北，具有郊野滨河风光的大片壮观的绿色滨水景观长廊，是受市民欢迎的京城露营、婚纱摄影的新去处，成为北京滨水治理形象展示区，保障了首都城市安全（图 10-28）。

（四）城镇森林景观

平原造林过程中，重视城镇乡村森林景观的建设，在城乡结合部拆迁腾退违规建筑，营造大片森林，大力打造城镇公园，建成永顺城市公园、南口生态休闲公园、台湖中心公园、大孙各庄乡镇公园、张镇乡镇公园、龙湾屯乡镇公园、长阳公园等近 7 处城镇森林绿地，变脏乱差为城市森林，改善了城中村的生态环境，提升了城镇森林景观质量，推动了城镇宜居环境建设（图 10-29）。

（五）特色森林景观

平原造林不仅有大尺度造林景观，也注重特色森林植物景观的营造，建设以观赏森林植物、挖掘植物文化内涵为主题的各类森林美景游憩胜地 8 处，如京城槐园、青龙湖龙桑文化园、昌平花海、丰台花乡百花园、顺义千亩银杏林、蔡家河"九曲花溪、多彩森林"、杜仲公园、通州梨园等，充分展现平原造林群体美与个体美相结合、生态美与文化美相结合的提升森林美景度的构想，为京城提供了科普教育、风光摄影、郊游采摘的新去处（图 10-30）。

（六）森林景点数量变化

平原造林过程重视市民休闲需求，形成以游憩功能为主导的城市森林绿地共计 36 处，面积约 6.28 万亩，占总造林面积的 5.87%。共建设森林公园 5 个、湿地公园 8 个、郊野公园 4 片、城镇公园 8 个、滨河风光带 3 处、森林美景游憩地 7 个、绿道 1 处（表 10-5）。为京城新增数十处春季赏花踏青、金秋赏叶、夏季避暑、周末郊游的新去处（图 10-31、图 10-32）。

图 10-28　西集镇侯各庄村潮白河景观生态林

图 10-29　通州区台湖公园

图 10-30　昌平区七孔桥花海景观

表 10-5　平原造林森林景点统计

类　型	公园名称
森林公园	东郊森林公园、青龙湖森林公园、未来科技城森林公园、中关村森林公园、通州大运河森林公园
郊野公园	南郊生态郊野公园（旺兴湖郊野公园、碧海公园、宣颐公园、鸿博公园）、东郊生态休憩公园（石各庄公园、常营公园、黄渠公园、定东郊野公园、百花园公园、金田公园、白鹿公园）、西北郊公园（玉泉郊野公园、北坞公园）、北郊郊野公园（东升文体公园、东小口森林公园、太平郊野公园）
湿地公园	南海子公园二期、环渤海总部基地湿地公园、长沟湿地公园、小清河湿地公园、平谷城北湿地公园、小龙河湿地公园、翠湖湿地、长子营湿地
城镇公园	永顺城市公园、南口生态休闲公园、台湖中心公园、大孙各庄乡镇公园、张镇乡镇公园、龙湾屯乡镇公园、长阳公园、北京园博园
滨河风光带	永定河观光带、潮白河观光带、北运河滨水观光带
森林美景游憩地	京城槐园、青龙湖龙桑文化园、昌平花海、丰台花乡百花园、顺义千亩银杏林、蔡家河"九曲花溪、多彩森林"、杜仲公园、通州梨园、
健康绿道	三山五园绿道

第十章　平原造林与宜居环境改善　|147

图 10-31　通州东郊森林公园

图 10-32　房山区青龙湖森林公园

（七）森林景观树种变化

平原地区造林工程在树种选择上不但充分重视森林的生态功能，同时也注重森林美景的观赏价值。据统计其乔灌栽植品种共计 278 种，景观效果较好，"春花秋叶"类树种共有 45 种，栽植累计 1045 万株（图 10-33）。其中彩叶树种栽植近 710 万株，约 15 个品种，主要为：银杏、白蜡类（小叶白蜡、大叶白蜡、秋紫白蜡）、槭树类（银红槭、金叶复叶槭）、栾树、五角枫、马褂木、元宝枫、黄栌、白桦、蒙古栎、金叶榆、紫叶李等；观花类树种栽植近 320 万株，约 24 个品种，主要为樱花类（樱花、日本晚樱、紫叶矮樱）、碧桃类（碧桃、重瓣碧桃、红叶碧桃）、海棠类（红宝珠海棠、绚丽海棠、北美海棠、红叶海棠、西府海棠、垂丝海棠、

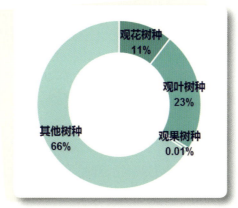

图 10-33 观花、观叶、观果树种比例图

八棱海棠）、丁香类（华北紫丁香、暴马丁香、北京丁香）、山桃、玉树、山杏、紫薇、榆叶梅、红花刺槐、红花洋槐等；观果类树种栽植 15 万株，主要为柿树、枣、石榴、山楂、樱桃、苹果；地被花卉类栽植面积近 12 万亩，约 102 种，主要为二月兰、紫花地丁、波斯菊、石竹、地被菊、黑心菊、香蒲、萱草、日光菊、菖蒲等。

（八）评估结果

【结 论】

（1）改变了过去平原区以单纯的阔叶林造林为主的单调的森林景观风貌，形成东南西北四大片区近 11 处、11228 亩风格各异，兼具休闲健身、游憩观光功能，充满自然野趣的集中连片的地带性自然森林景观。

（2）湿地保护与营造大片湿地生态景观林相结合，三年共恢复和建设湿地森林景观 5.3 万亩，形成了南海子湿地、环渤海总部基地湿地等 8 处湿地森林景观，缓解北京城市化过程中湿地萎缩、退化、消失的问题，使北京市民在城市中依然能感受到湿地风光。

（3）平原造林注重林水结合，在 11 条主要河道两侧建设 150～200 米永久性绿带，造林面积达 20.64 万亩，形成永定河、温榆河及潮白河等 3 条骨干河流为主，清河、坝河等 8 条骨干支流相连，贯穿京城南北、大片壮观的郊野滨河森林景观，为市民提供滨水森林美景。

（4）重视城镇乡村森林景观的建设，在城乡结合部拆迁腾退违规建筑，营造大片森林，大力打造城镇公园，建成张镇乡镇公园、龙湾屯乡镇公园等近 7 处城镇森林绿地，变脏乱差为城市森林，改善了城中村的生态环境，提升了城镇森林景观质量。

（5）平原造林注重特色森林景观的营造，建设以观赏森林植物、挖掘植物文化内涵为主题的各类森林美景游憩胜地 8 处，充分展现平原造林群体美与特色美相结合、生态美与文化美相结合的理念，为京城提供了科普教育、风光摄影、郊游采摘的新去处。

（6）平原造林过程重视市民休闲需求，共形成以游憩功能为主导的城市森林绿地共计 36 处，面积约 6.28 万亩，占总造林面积的 5.87%。

（7）通过实施百万亩造林工程，增加观花植物近 320 万株，增加彩叶植物近 710 万株，使平原地区造林从过去单一的杨树林景观风貌变成以生态功能为主体、多种景观树种相组合，变化丰富的地域性森林景观风貌。

【建 议】

(1) 首轮平原造林形成的森林主要是大苗造林形成的人工林，其景观功能、游憩功能还只是根据树种进行的潜在价值预测结果，随着树木的成活，根系的恢复，树冠的恢复，才能逐渐成林成景。

(2) 平原造林丰富的树种和多种森林类型，将有利于形成多样化生境功能，为增加北京平原区生物多样性提供了可能，但这个过程是长期的，需要注重森林健康经营和培育近自然森林（图10-34）。

图 10-34　东郊森林公园

五、修复生态景观

（一）促进了残破土地的修复和治理

在工程用地中优先使用建设用地腾退、废弃砂石坑、河滩地沙荒地、坑塘藕地、污染地，仅生态修复和环境治理就达 36.4 万亩。

土地需求在用地十分紧张的北京是百万亩平原造林的主要限制条件和难点。北京百万亩平原造林主要措施之一就是盘活废弃土地，向有限的空间要效益，对河道生态景观恢复、荒滩地利用、沙坑地修复发挥了重要作用。这既为后续的城市开发留有余地，也体现了更高的投资效益。以北京滨河森林公园建设为例，主要以河滩地、荒滩地为公园用地的主要来源。在未建公园之前，多数河流因干枯而废弃，成为任意采集沙土、随意堆放垃圾的场所，变成城市治理的顽疾。例如密云新城滨河森林公园建设通过河道治理，有效阻止了河道随意采沙

图 10-35　昌平西部地区煤场、沙坑治理对比图

图 10-36　密云区河南寨大沙坑、煤场治理前后对比图

图 10-37　怀柔潮白河大沙坑治理前后对比图

挖沙的行为，一改河道多年来黄土漫天、沟壑遍布的景象，还原了潮白河岸绿水清的面目；门头沟滨河森林公园中的龙口湖森林公园，所利用的龙口水库是原先石景山电厂的煤灰渣存放地，通过龙口湖森林公园的建设更好地控制粉尘污染，改善了区域小气候，生态景观得以恢复，成为北京废弃地利用、生态恢复、景观改造的示范（图10-35、图10-36、图10-37）。

（二）显著改善了河流生态和滨河景观风貌

北京百万亩平原造林加强了滨河近自然森林景观恢复，将过去废弃物堆积、满目疮痍的场所变成了风景宜人的滨水绿带和人们休闲娱乐的美好空间，滨河土地迅速升值，带动了城市发展。建设了11个新城滨河森林公园，其中最小的面积约5500余亩，相当于2个玉渊潭公园，最大的公园面积达到18000亩，相当于4个颐和园，构建北京绿色滨河生态廊道，使被污染的河流得到治理，具有自然风光的河流景观得到保护，使河水更清、河岸更绿、人气更旺，提高了新城生态环境质量和品质（图10-38、图10-39、图10-40）。

（三）评估结果

【结 论】

(1) 优先使用建设用地腾退、废弃砂石坑、河滩地沙荒地、坑塘藕地、污染地，仅生态修复和环境治理就达36.4万亩。

(2) 造林工程与河道治理、新城建设相结合，形成大片极具魅力、风格各异的11处城市段滨河森林生态景观，构建北京绿色滨河生态廊道，使河水更清、河岸更绿、人气更旺，提高了新城生态环境质量和品质。

【问 题】

(1) 林网与水网缺少更紧密的生态链接。

(2) 森林管护中对中水利用不足。

(3) 按照水源涵养林培育的集中连片自然森林少。

(4) 林地土壤裸露，水土保持和涵养水源能力不强。

【建 议】

(1) 增强河岸森林的自然性，保留和适当恢复自然河岸。

(2) 建设利用中水灌溉的净水森林。

(3) 加强新造林地的科学管护，保留枯落物。

(4) 广泛推广利用Mulch覆盖技术。

图 10-38 延庆区蔡家河平原造林绿化前后对比图

图 10-39 顺义潮白河通道造林工程

图 10-40 朝阳温榆河沿岸造林工程

第十一章
平原造林与水资源调控

北京是一个特大型缺水城市，随着经济、社会、人口的不断增长，用水压力越来越大，而不透水面积的不断扩大加上连续干旱，则进一步加剧了北京水资源短缺的情况。截至 2014 年 1 月，北京地下水已连续十五年超采，地下水位下降，已经形成面积约 1000 平方千米的地下水降落漏斗区。虽然 2014 年年底通水的南水北调工程，将向北京每年供水 10.5 亿立方米，但水资源自然禀赋不足、严重短缺仍是北京需长期面对的基本市情水情，严重困扰北京市城市发展。森林具有涵养水源、净化水质、调控雨洪的重要生态功能，平原造林工程对北京水资源调控也将发挥积极作用。

一、增加水源涵养

水源涵养是森林生态系统的重要服务功能之一，是指森林生态系统通过林冠层、枯落物层和土壤层拦截滞蓄降水，从而有效涵蓄土壤水分和补充地下水、调节河川流量的功能。百万亩造林在平原区营造出巨大体量的绿色生态空间，发挥出了巨大的水源涵养效益，对于处在水资源危机中的北京市的重要意义不言而喻。

（一）新增 1.91×10^8 立方米水源涵养量

在北京市平原区形成了大约 105 万亩的林冠层，超载区范围内森林资源增加 41.87 万亩（279.14 平方千米），降水天气，产生了大面积的树冠截留面积，可有效减弱雨水动能，使雨水平缓渗入林地土壤，起到了蓄积雨水、补充地下水的作用，并且随着平原森林生长至完全郁闭，林冠层厚度不断增加，林冠层截留能力将不断增加；另一方面，森林树木的生长过程中，由于枯枝落叶的分解和树木根系的延伸，林地土壤结构将得到不断的优化，主要表现为土壤的非毛管孔隙度增大和土壤层加厚，林地土壤的持水能力将得到大幅度提升。据研究，北京平原地区森林生态系统单位面积涵养水源能力为

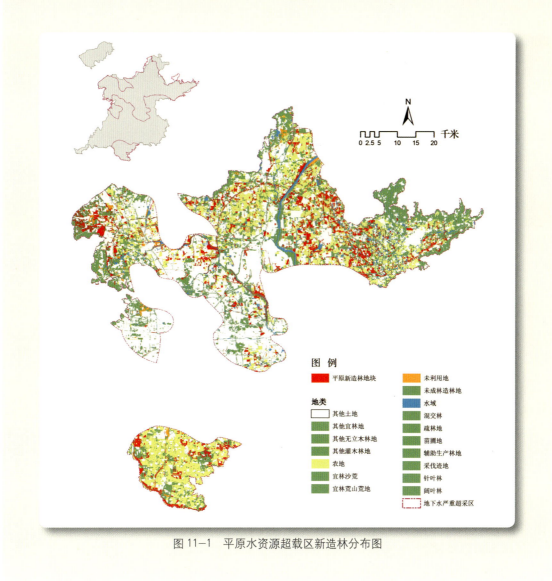

图 11-1 平原水资源超载区新造林分布图

2729.36 立方米/（公顷·年）（李文华等，2008）。由此计算，北京市百万亩平原造林工程每年可涵养水源 1.91×10^8 立方米，相当于修建了 19 个 1000 万立方米库容的水库，其中，平原区水资源超载区（图 11-1）每年可涵养水源 7.62×10^7 立方米。

（二）使平原区森林的水源涵养能力提高 47 个百分点

据研究，海拔 <100 米地区，森林涵养水源能力最强（李文华等，2008）。北京平原区海拔高度处在 20～60 米范围之内，百万亩平原造林对水源涵养能力的提升效果也最为明显。根据以上数据，2009 年平原区森林面积为 216.15 万亩，年涵养水源量为 3.93×10^8 立方米，百万亩平原造林后增加到 5.84×10^8 立方米，平原区森林水源涵养能力提升了约 47 个百分点，显著扩大了北京地区水源涵养和地下水补充能力。同时，平原区森林水源涵养能力是山区森林的 2.48 倍，百万亩平原森林的水源涵养能力相当于 275 万亩山地森林，着实起到了事半功

倍的效果。

（三）逐步实现森林生态用水自维持和强大的涵养水源能力

平原造林过程中，有 7 万多亩农地（主要为玉米、小麦、果树、菜地）转化成为林地，大幅度减少农用地灌溉用水的投入，一定程度上缓解了平原区用水紧张的局面。和农地相比，林地的需水量小得多，仅在成林之前的几年中，根据自然状况进行集中灌溉，成林之后需水量很少。因此，按照大田农地 200 立方米／（亩·年）的需水量来算，平原造林工程之后，每年可节省 1.4×10^7 立方米的农作物灌溉用水。总之，北京市平原造林的实施，一方面大幅度提升了平原区拦蓄降水的能力，另一方面有效减少了平原区农地用水量，这对于涵养水源、调节雨洪、补充地下水，进一步缓解地区水资源压力具有重大意义。

（四）评估结果

【结 论】

（1）平原百万亩造林每年可涵养水源 1.91×10^8 立方米，相当于修建了 19 个 1000 万立方米库容的水库，其中，平原区水资源超载区每年可涵养水源 7.62×10^7 立方米。

（2）平原百万亩造林使平原区森林的水源涵养能力提高 47 个百分点，相当于新增 275 万亩山地森林的水源涵养能力，起到了事半功倍的效果。

（3）平原造林是以生态林为主，经过前期人工管护，后期形成稳定近自然林后，将实现森林自维持和强大的涵养水源能力。

（4）平原造林过程中，有 7 万多亩农地（主要为玉米、小麦、果树、菜地）转化成为林地，减少了平原区灌溉用消耗。

【问 题】

（1）林地土壤裸露，水土保持和涵养水源能力不强。

（2）灌木使用量需要考虑未来景观目标和节水问题。

（3）对林地土壤的改良重视不够。

【建 议】

（1）加强新造林地的科学管护，注重树穴的有机覆盖，保留枯落物。

（2）注重树木成活与景观维护用水量的科学研究，合理用水。

（3）与海绵城市建设相结合，注重土壤生态功能的提升，增强涵养水源能力。

二、促进水质净化

平原造林净化水质的效益主要表现为对降水形成径流的净化作用和对灌溉用水的净化作用。

（一）平均每年将对 4.72×10^7 立方米降水形成的径流发挥净化功能

在降水进入森林中首先被林冠层分配的同时，也伴随着化学元素的冠层交换过程，主要表现为雨水对树木表面分泌物的溶解、枝叶对降水中离子的吸收以及雨水对枝叶表面粉尘、微粒等大气悬浮沉降物的淋洗等；当降水到达林地后，地被物和土壤层作为第二界面对降水化学性质产生影响，主要表现为活地被物和枯枝落叶层的截留、微生物对化合物的分解以及对离子的摄取、土壤颗粒的物理吸附、土壤对金属元素的化学吸附和沉淀等。经过森林生态系统的降水水质中，溶解氧、总盐度和 NO_3^- 等营养元素化学成分明显增加，而 pH 值、浑浊度和 NH_4^+ 等明显下降，其水质得到不同程度的净化。

据研究，北京市平原区径流系数约为 0.1，即约有 10% 的降雨量能够形成地表径流。据此计算，百万亩森林平均每年对 4.72×10^7 立方米（通过造林面积与北京市多年平均降水量 585 毫米计算）降水形成的径流发挥了净化水质的作用。

（二）应用再生水资源和植物生态净化技术

森林景观培育初期和湿地景观建设都需要大量的水资源。一方面河道水系的恢复需要水源，另一方面大量苗木的灌溉需要水源。面对北京水资源短缺的现状，北京百万亩平原造林注重林水结合和中水资源的利用。以 11 个滨河森林公园建设为例，主要利用新建成的高品质再生水厂解决了水源问题。为了实现再生水和公园建设的对接，在公园规划中考虑了再生水管线的接入方案，以较少的投资既满足了公园河道用水和浇灌用水，也为新建成的再生水厂提供了出水的使用渠道。水源得以保障后，在公园规划设计中，通过表流湿地和潜流湿地等多种形式，进一步净化了水体，营造丰富的自然生境，实现水资源的循环利用。例如大兴滨河森林公园有水面 850 亩，全部采用再生水，通过引入黄村再生水厂、天堂河第二污水处理厂的再生水，使过去干涸的河道、水库再现昔日水景，并在埝坛水库公园内布设了 10 万平方米的潜流湿地，对进入公园的再生水进一步净化，其出水主要水质指标可以达到地下水Ⅲ类标准，满足了埝坛水库的水质要求；昌平滨河森林公园也建设了约 10 万平方米的功能湿地，昌平再生水厂的出水经功能湿地的进一步净化，由泵站和输水管线送至公园的上游，在沿河道水流而下，确保公园水质的稳定和达标（北京市发展和改革委员会编著《城市森林发展创新》）。同时，平原造林减少了化肥、杀虫剂、除草剂使用量，有助于减轻土壤污染。

（三）评估结果

【结　论】

(1) 平均每年将对 4.72×10^7 立方米（通过造林面积与北京市多年平均降水量 585 毫米计算）降水形成的径流发挥净化功能。

(2) 林水结合建设，森林养护、湿地扩展应用再生水资源和植物生态净化技术，使污水变资源。

(3) 平原造林减少了化肥、杀虫剂、除草剂使用量，有助于减轻土壤污染。

【问　题】

无论是原有林地绿地还是新造林地，北京林地绿地土壤裸露现象仍比较普遍，对降雨和地表水净化能力不强。

【建 议】

（1）注重土壤生态功能恢复和后期地表植被的保护，增强水源净化能力。

（2）注重河流水系滨水森林植被保护，建设近自然的河岸森林，强化河岸森林的净化功能。

（3）借鉴欧美滨河湿地建设经验，结合湿地公园建设，利用人工水车、电力提水设施促进河流湿地的水循环，建设具有净水功能的森林湿地。

三、增强雨洪调控

北京市多年平均降水量585毫米，降水分布极不均匀，主要集中在夏季，多以暴雨形式出现。随着城镇建设用地面积逐步扩大，北京平原大面积区域已被钢筋、混凝土覆盖，森林资源分布极其有限，水源涵养功能十分微弱，夏季雨水天气城市地区面临着十分严重的内涝问题，严重困扰北京市民的生产生活。2012年发生的"7·21"特大暴雨灾害为我们敲响了警钟，增加平原地区森林覆盖面积，提升平原区雨洪调控能力已刻不容缓。

（一）减弱地表径流

百万亩平原造林紧紧依靠雨洪灾害危害严重的生产生活密集地区，通过发挥其巨大的水源涵养能力，"锁"住雨水径流，是强大的城市绿色雨水基础设施。百万亩森林通过雨水自然水文循环，有效减轻城市排水管道系统压力，渗入地下的水可以被植物吸收或通过毛管吸力被保持在土壤中，多余的渗透水形成地下水，使雨水得以资源化利用，形成了良性的城市水循环机制。此外，绿色雨水基础设施还充分体现了"低碳"特色，降水到达地面后，通过自然入渗，降低了其他方式雨水处理的能耗。

研究表明，林地面积越大，其涵养水源能力越强，调节雨洪的能力也就越强。百万亩造林增加了百亩以上林地1931处，它们像海绵一样，发挥着调节城市雨洪的巨大生态效益。

（二）使用了多种雨洪管理技术提高城市建设地区雨洪调控能力

雨水渗滤是欧、美等发达国家常用的一种雨水处理与资源化利用技术。城市绿地作为天然的渗透设施，是城市绿色基础设施，能够产生诸多生态环境效益。绿地雨洪利用，具有易于操作、低成本、效益显著的特点，可用于绿地灌溉，地下水回补，减轻城市水网排水压力，避免城市水土流失。从20世纪80年代开始，世界各国开始探索雨水资源化问题，雨洪管理的方式更趋全面，建立了从流域范围到场地尺度下水量与水质的控制体系。流域范围内注重河流、湖泊、湿地等自然资源的保护与恢复；中观尺度的城市区域严格控制不透水地表面积，保证有足够量的绿地发挥渗透功能，将城市的绿地系统作为天然的排水系统；微观尺度的城市用地中则将各种技术设施与绿地规划设计相结合。国外雨洪管理的方式已经逐步演化为通过排水基础设施与城市森林、城市园林的规划设计来共同实现径流的控制与利用，并以完善的规范标准和政策作为长期实施的保障。

目前，基于雨洪管理的绿地设计技术设施主要包括：滞留渗透设施，如下凹绿地、透水铺装、雨水花园等；传输设施，如植草沟、旱溪、雨水沟渠等；受纳调蓄设施，如调蓄水塘、人工湿地等等（表11-1）。这些丰富的设施形式亟待在北京平原造林绿化工程中得到广泛应用与实践。

表11-1 基于雨洪管理的绿地设计技术设施

类 别	形 式	说 明
滞留渗透设施	下凹绿地	下凹绿地利用绿地天然的渗透性能，通过下凹空间截留并暂时储蓄一定量的雨水，增加场地中雨水径流的渗透量，具备使用率高、施工便捷、建设成本低等优点。下凹绿地布局应与园区雨水管网建设、竖向设计密切整合。
	透水铺装	透水性铺装能够将地表径流就地滞留渗透，其垫层结构相当于一个蓄水层，能够起到短时雨水储蓄以及初步过滤的作用，减缓雨水进入排水系统的速率，使其缓慢入渗以回补地下水
	雨水花园	雨水花园通过模仿自然的渗透系统来处理小径流量雨水，是园林绿地中种植有地被、灌木或是乔木的地势低洼区域，用于滞留雨水、削减径流流量及流速，有利于径流缓慢渗透以补充地下水，同时通过土壤和植物的过滤作用可有效去除雨水中的杂质及污染物质
传输设施	植草沟	植草沟是指有植被覆盖，呈线性布局，用以输送雨水径流并控制流量与提升水质的造景设施。与传统的排水沟相比，不仅能有效控制径流进入水体或外排前的污染物，同时也带来更多的生态与环境美化的效益
	旱溪	旱溪是一种模仿天然溪流形态与构成要素，溪床呈蜿蜒性布局的造景设施，雨季可盛水，旱季保持干涸状态。其有利于场地排水，可应对暴雨或季节性降雨所引发的积水问题，将雨水引导至指定区域。旱溪与植草沟相比其容易维护，但净化功能不显著，以雨水传输和景观营造为主导
	雨水沟渠	雨水沟渠是一种用砖、石作为主要的砌筑材料，局部有植被覆盖，呈线性布局，用以传输雨水的造景设施。相较植草沟，其更类似于传统的排水明渠，植被覆盖较少，净化功能不显著，但设施的设计形式与材质表达更加灵活多样，具有更多设计创造的可能性，设施稳定性高，后期管理维护成本低
受纳调蓄设施	调蓄水塘	调蓄水塘是永久性或间歇性的水体景观，用以受纳、调节、储蓄、净化雨水的造景设施，主要包括了湿塘、扩展滞留塘两种类型，多利用现状洼地或适当整理地形进行布置，设计需考虑与径流传输设施的连接
	人工湿地	人工湿地是人为建造和控制运行的与沼泽地类似的地表水体。在园林绿地中布置人工湿地能受纳调蓄雨水径流、削减洪峰流量，去除污染物质，与此同时起到美化环境、提高生物多样性、丰富休闲游憩体验的综合效益

（三）评估结果

【结　论】

（1）大面积的片林建造为城市地区的雨洪调控提供了更大的生态空间。

（2）在平原造林过程中应用了很多雨洪管理技术，对改善平原地区雨洪调节能力有着重要作用。

【建　议】

（1）注重造林地、绿地土壤改良，提高蓄水调洪能力。

（2）结合海绵城市建设，广泛应用基于雨洪管理的森林绿地设计、营建管与护技术。

第十二章 平原造林与生态意识提升

北京百万亩造林工程实施 3 年多以来效果显著，不仅给平原区的居民带来了更多的生态空间，也为城市生态文明的建设提供了更多的场所。因此，通过问卷调查深入到造林区居民中了解造林后人们生态文明意识的情况尤为重要，也可以为将来城市生态文明的建设提供建议与方向。除此之外，通过对造林区 14 个区的生态文化活动举办次数、基地，生态科普场所与生态科研场所等进行基础调查，也十分必要。

本次问卷调查与居民满意度调查和 14 个区的基础资料搜集同步进行，在调查者的选取与分布上均在合理科学的范围内，调查区域广，数据结果可靠真实。在本次问卷设计中，为了更好地反映工程实施给北京居民带来的生态意识变化，在调查问卷设计中除了受访者个人基本特征进行调查以外，特从公众生态文明意识、公众生态文明行为以及生态文化科普场所三个方面入手，以科学性、层次性、系统性、数据的可获取性与可靠性为基本准则，设计 11 个指标对其进行评价（表 12-1）。

这里特别要指出的是由于生态文明是一个抽象的概念，在本次调查中除了利用之前居民满意度调查中的数据以外，将加入对平原造林区环卫工人工作情况的调查，以期从侧面反映出造林区居民的生态文明意识的变化情况。

在本次公众生态文明意识变化情况的调查中，采用归一法对原始数据进行标准化处理，根据文献调查等方式，结合造林区的实际情况最终确定 11 个指标的标度等级（表 12-2），并利用公式 $Q_i = \dfrac{C_i \times 1.0 + D_i \times 0.8 + E_i \times 0.6 + F_i \times 0.2}{I_i - B_i}$ 计算出其评分值，最后根据权重算出总体满意度。

表 12-1　北京市居民满意度调查指标体系

目标层	准则层	指标层
核心降温区	生态文明意识（A）	造林工程知晓度（A1）
		环境保护意识（A2）
		对生物多样性保护的关注程度（A3）
		平原区环卫工人工作量（A4）
		乱丢垃圾行为（A5）
		破坏植物的行为（A6）
核心降温区	生态文明行为（B）	生态文化活动举办次数（B1）
		环境保护活动参与度（B2）
	生态文化科普场所（C）	科普宣传措施需求度（C1）
		科普场所设置满意度（C2）

表 12-2　生态文明调查指标等级

指标	指标等级			
	1.0	0.8	0.6	0.2
A1	>70%	50%~70%	30%~50%	<30%
A2	明显提高	有一定提高	差不多	不关注
A3	明显提高	有一定提高	差不多	不关注
A4	明显增加	有一定增加	差不多	没了解
A5	增加	没有变化	减少	不关注
A6	增加	没有变化	减少	不关注
B1	>1000次	1000~800次	800~600次	<600次
B2	明显增加	有一定增加	差不多	不关注
C1	非常需要	比较需要	不需要	不关注
C2	非常满意	比较满意	一般	不满意

一、提高生态文明意识

公众的生态文明意识主要从居民调查问卷中得出，本次调查分别从造林工程知晓度、居民的环境保护意识变化、对生物多样性保护的关注度、平原区环卫工人的工作量、乱丢垃圾行为变化以及破坏植物行为变化等6个方面对调研数据进行统计分析，结果如下：

（一）工程知晓度

平原造林工程的知晓度仅为 36.99%，大部分调查者表示知道近几年有大规模的植树造林，但不知道平原造林的工程，这个数据表明人们对城市生态工程这一类的建设普遍不太关注。

在环境保护意识的变化上，认为自身环境保护意识有提高的人数占了调查总人数的 90.52%，其中 40.82% 的人认为自身环保意识有明显提高，49.70% 的人认为有一定提高，表明造林工程实施以来人们的环保意识在不断增强。

（二）生物多样性关注度

在对生物多样性保护的关注度上，有 62.1% 的人表示自己对生物多样性保护的关注度有提高，其中 19.65% 的人认为自身生物多样性保护关注程度有明显提高，42.45% 的人认为有一定提高；此外，还有 29.61% 的调查者认为自己对生物多样性保护的关注程度没有变化。

（三）环保意识

从环卫工人的工作量情况调查来看，有 83.88% 的环卫工人表示平原造林工程后工作量增加，其中 31.40% 的人认为明显增加了，52.48% 的人认为有一定增加。

从乱丢垃圾与破坏植被的调查情况来看，有 59.09% 的环卫工人表示其工作范围内乱丢垃圾的行为减少了，有 56.20% 的环卫工人表示其工作范围内破坏植被的行为减少了，这表明造林工程实施后绝大多数造林区居民的生态文明意识提高了。

（四）评估结果

【结　论】

（1）有 90.52% 的人表示自身环境保护意识有提高，62.1% 的人表示自己对生物多样性保护的关注度有提高

（2）近 60% 的环卫工人表示，其工作范围内乱丢垃圾、破坏植被的行为减少了，居民的生态文明行为明显提高。

【问　题】

百万亩造林工程实施后，公众对平原造林工程的知晓度仅为 36.99%，在生态文明建设的宣传方面仍需加强。

【建　议】

加大对城市生态文明建设的公众宣传力，鼓励大家共同参与到生态文明的建设中，有意识地、有目的地加入到各项活动中。

二、引导生态文明行为

公众的生态文明行为分析数据源主要来源于两部分，一是从居民调查问卷中获取，二是

通过向14个发放生态文化基础资料调查表获取。

通过对朝阳区、海淀区、房山区、顺义区等14个造林区的相关部分进行数据采集，总结可得生态活动主要包括义务植树、环境保护主题活动和认建认养三类（表12-3）。

表12-3 2012—2014年各区生态文化活举办次数

区	义务植树活动			环保主题活动		认建认养活动	
	参加人数	举办次数	参加人数	参加人数	举办次数	参与企业个数	参与市民人数
朝阳区	62530	16	38	23920	244	—	—
海淀区	1500	—	2	—	—	—	—
昌平区	360	—	3	—	—	—	—
大兴区	18262	46	61	398	4	—	—
房山区	300	27	30	—	—	—	—
丰台区	7713	—	32	420	4	—	—
怀柔区	425461	15	3	—	—	—	—
门头沟	20	1	1	—	—	—	—
密云区	637232	21	217	—	—	17	—
平谷区	13010	6	97	—	—	1	2827
石景山区	1200	1	1	—	—	—	—
顺义区	16503	—	55	—	—	—	—
通州区	37321	19	45	1190	4	—	—
延庆区	8589	—	34	—	—	3	530
合计	1230001	152	619	25928	256	21	3357

（一）认建认养

从生态活动举办次数上看，平原区生态活动主要包括义务植树、环保活动以及认建认养三大类，平原造林工程实施以来，三类活动共举办875次，其中认建认养活动共有21个企业参加，居民中也有3357人参与进来（图12-1、图12-2）。

从居民在环境保护活动的参与度变化上来看，在所有的调查人群中有76.90%的人表示造林工程以后自己再环境保护活动中的参与度变多了，其中有23.31%的人认为自己参加环保活动明显增多，53.59%的人认为有一定增加。

（二）义务植树活动

2012年造林以来，义务植树活动的参与人数最多，造林后新增加了152处义务植树基地。

图 12-1　昌平区百善将军林

图 12-2　中石油员工参与植树

首先在基地分布上，朝阳区主要涉及东坝、来广营乡、将台、孙河、金盏乡、黑庄户、常营等 11 个乡镇，义务植树基地主要分布在将台的东八间房（3 个）、常营（3 个）、豆各庄乡的马家湾（1 个）、东马各庄（1 个）、水牛房（1 个），太阳宫（4 个），东风（3 个）；海淀区主要分布在苏家坨和西北旺；昌平区主要在东小口；大兴区义务植树活动主要分布在魏善庄、采育镇、安定镇、榆垡镇、庞各庄镇、西红门、黄村镇、南海子 8 个乡镇共 121 个村；房山区主要分布在城关，涉及 9 个村庄；丰台区主要分布在南苑、花乡、卢沟桥、长辛店、王佐 5 个乡镇，共 17 个村庄；怀柔区主要分布在怀北镇的大水峪村；门头沟区主要在永定镇的麻峪；顺义区主要分布在北务镇、北石槽镇、北小营镇、大孙各庄镇、高丽营镇、后沙峪镇、李桥镇、李遂镇等共 19 个乡镇；通州区主要分布在宋庄、马驹桥、台湖、漷县镇、张家湾镇、于家务、潞城、西集镇及永乐店等 9 个乡镇，其中有义务植树基地宋庄 7 处，马驹桥 1 处，漷县镇 3 处，

第十二章　平原造林与生态意识提升 ｜ 165

张家湾镇4处，永乐店1处；延庆区义务植树活动主要分布在康庄镇、张山营镇、延庆镇、刘斌堡乡及大榆树镇共5个乡镇。

其次在生态活动举办增长情况上，从表12-4中可以看出，2012～2014年造林工程实施三年来，义务植树参与人数从406594人增加到444884，上升了9.42个百分点；义务植树基地从44处增加到63处，上升了43.18%；义务植树举办次数也增加了近13个百分点。以上数据表明，平原区百万亩造林工程实施以后，为公众提供了更多参与义务植树的场所，为宣传生态环保的主题创造了更多的机会，在建设绿化的同时大大加强了公众的生态文明意识（图12-3、图12-4、图12-5）。

表12-4 2012—2014年各区生态文化活动次数

区	义务植树活动								
	义务植树参加人数			义务植树基地个数			义务植树举办次数		
	2012年	2013年	2014年	2012年	2013年	2014年	2012年	2013年	2014年
朝阳区	18390	22320	21820	5	5	6	10	17	11
海淀区	1000	500	0	0	0	0	1	1	0
昌平区	120	115	125	0	0	0	1	1	1
大兴区	3957	6065	8240	7	11	28	19	20	22
房山区	100	100	100	9	9	9	10	10	10
丰台区	3303	1770	2640	0	0	0	10	6	16
怀柔区	142950	141904	140607	5	5	5	1	1	1
门头沟	0	0	20	0	0	1	0	0	1
密云区	204679	184806	247747	7	7	7	67	83	67
平谷区	3891	3452	5667	2	2	2	22	30	45
石景山区	1200	0	0	1	0	0	1	0	0
顺义区	7859	5011	3633	0	0	0	17	19	19
通州区	16171	9690	11460	8	6	5	17	15	13
延庆区	2974	2790	2825	0	0	0	13	13	8
合计	406594	378523	444884	44	45	63	189	216	214

（三）环境保护主题活动

2012年造林以来，环境保护主题活动的参与人数越来多，造林后共举办环保活动256次。

首先从活动举办地点的分布上看，朝阳区的来广营乡举办16次，黑庄户的万西村举办1次，常营举办3次，太阳宫举办10次，南磨房乡的东郊社区、紫南社区、双龙社区、欢乐谷

图 12-3　社工植树现场

图 12-4　医务人员参与植树

图 12-5　中外记者参加植树

社区等地共举办达 207 次，丰台区南苑的新宫、槐房共举办 3 次，卢沟桥的西局、大井共举办 2 次，通州区环保主题活动主要在潞城、西集镇的大灰店、西集、后营共举办 4 次。

其次，从环保活动举办次数增加情况来看，2012～2014 年造林工程实施三年来，环境保护主题活动参与人数从 6825 人增加到 11293 人，上升了 65.47 个百分点；环境保护主题活动从每年举办 73 次增加到 98 次，上升了 34.25 个百分点（表 12-5）。从中可以看出，平原造林工程实施后居民在环保主题活动中的参与度大大提高。

表 12-5　2012—2014 年各区环保活动次数

区	环保主题活动					
	参加人数			举办次数		
	2012	2013	2014	2012	2013	2014
朝阳区	6520	7640	9760	70	82	92
大兴区	30	35	333	1	1	2
丰台区	210	80	130	1	1	2
通州区	65	55	1070	1	1	2
合　计	6825	7810	11293	73	85	98

（四）评估结果

【结　论】

（1）百万亩造林工程实施对公众生态文化活动影响方面，工程区所在地的生态活动举办次数明显增加，达到了 875 次，其中举办义务植树 169 次，有义务植树基地 152 处，参与人数达到了 1230001 人次；举办环保主题活动 256 次，参与人数达 25928 人次。

（2）76.90% 的受访者表示自己在生态活动中的参与度提高了。

三、普及生态文明理念

生态文化科普场所的相关分析数据主要来源于两部分，一是从居民调查问卷中获取，二是通过向 14 个区发放生态文化基础资料调查表获取。

从公众对科普宣传措施需求度上看，有 89.74% 的人表示需要在各类公园绿地中设置一些必要的生态科普设施，其中 42.48% 的调查者强调非常需要生态科普宣传设施，47.26% 的调查者认为比较需要。

从生态科普场所设置的满意度上来看，剔除 20 个未选项，在剩下的 2932 个调查者中，公众对生态科普场所设置的满意度仅为 40.62%，有 51.33% 的人对目前公园绿地内设置的生态科普场所现状持一般态度；其中仅有5.29%的人对生态科普场所的设置表示非常满意。

（一）科普场所

（1）生态文化展示场所。生态文化场所主要两类，一是是生态文化公众展示区，如小游园、公园绿地等；二是生态文化科普馆。从造林后生态文化场所的分布情况来看，朝阳是其分布的主要地区，具体来看主要分布在朝阳区的来广营乡28处，将台的东八间房3处，太阳宫3处，南磨房乡的东郊社区、紫南社区、双龙社区、欢乐谷社区、南新园社区、平乐园社区、百子湾、赛洛城、大郊亭村、楼梓庄共36处。生态文化展示场所共计71处，其中公共展示区68处，生态文化科普馆3处。

（2）生态文化科研场所。平原造林后生态文化科研场所数量也有一定增加，主要分布在朝阳区和丰台区，其中朝阳区有环境监测站分布2处，高校或科研机构设立的研究基地3处，主要位于欢乐谷社区共5处；丰台区有环境监测站共5处，主要位于在南苑。

（二）宣传报道

平原造林工程实施以来，北京市平原地区造林工程建设总指挥部办公室共发布平原造林工程概况、平原造林科普、生物多样性等与北京市生态建设有关的报道2012～2015年三年来共计145篇，分别在人民日报、南方周末、南都周刊、解放军报、新华社、光明日报、新京报、北京日报、中国绿色时、北京电台、中国政府网等35处报社、电视、电台以及互联网进行报道宣传，为公众了解平原造林工程、造林科普知识提供了广阔的平台，同时也大大提高了民众的生态文明意识。

（三）评估结果

【结 论】

百万亩造林工程后期的生态科普设施建设方面，89.74%的受访者认为需要在各类绿地中设置一些必要的生态科普设施，说明公众希望把生态游憩与生态文化充分结合的需求是非常普遍的。

【问 题】

百万亩造林工程实施后，公众对生态科普场所设置的满意度仅为40.62%，表明在森林绿地中的科普场所建设仍需加强，特别是把生态文化与科学研究相结合的生态科普场所需要加强。同时，平原区生态文化展示场所共81处，有87.65%均在朝阳区，场所分布极度不均衡。

【建 议】

提高已有的生态文化科普场所的质量；在造林的重点区域如通州、大兴、房山等地利用现有条件增加生态文化科普宣传场所；利用好北京良好的高校优势，增加生态科研与科学普及相结合的研究场所。

第十三章

平原造林与京津冀协同发展

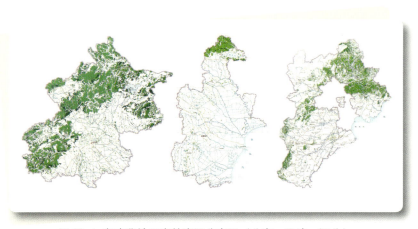

图 13-1 京津冀地区森林资源分布图（北京、天津、河北）

京津冀地区的自然景观基本呈现山、水、城、田、海的格局，森林主要分布在西北部太行山、燕山山脉，由此发源的众多河流润泽平原、城市、乡村，最后汇入渤海湾（图 13-1）。因此，其生态的关联性、一体性非常强。由于气候、土壤等自然条件的影响，京津冀地区森林分布呈现山区多、平原少的状态，山地森林资源质量不高，需要进一步优化森林分布格局和不断提升森林质量功能。而北京、天津、保定等城市的核心区主要分布在平原区，人口密集，仅靠山区的森林难以维系京津冀城市群的健康发展。从本地区平原地区森林资源变化来看，作为中国城镇化发展最快的地区之一，解决城镇化发展带来的环境污染问题、改善人居环境和满足居民日益增长的生态休闲需求成为本地区生态环境建设最主要的动力。北京提出宜居之都、天津提出生态城市建设目标，都把增加平原区特别是城市内部及其周边地区森林、湿地等生态空间的比重作为重要途径。2014年习近平总书记在考察京津冀地区协调发展过程中提出，要在北京与天津、北京与保定之间，加强片林建设，恢复湿地，增加城市之间的生态空间。在此，我们分析了北京市平原造林工程对改善京津冀区域生态格局、提升区域生态承载力、进行污染跨区域传播的生态阻隔、促进跨区域生态廊道联通和调控区域水资源等方面的作用和意义。

一、区域生态格局

（一）扩大了生产与生活空间密集区生态空间

北京在城市近郊实施一道、二道绿化隔离地区绿化建设，以及百万亩平原造林工程，突出强调了城乡一体、林水结合、生态网络的城市森林的建设理念，标志着北京森林生态建设从部门造林绿化向优化城市发展空间、提升城市可持续发展能力的高度推进，为京津冀地区森林生态建设由传统山地林业向城市林业、平原林业的战略转变树立了典范，也预示着整个京津冀地区林业生态建设从山地森林植被恢复为主进入了服务于城市群发展、人居环境需求为主的城市森林发展的新阶段。随着本地区平原森林、湿地等生态资源连片发展和骨干生态廊道形成，将在山、海之间增加大型片林、相通性生态廊道，彻底改变本地区生态空间分布失衡的状况。

（二）在京东南边界地带形成了区域间的大面积生态缓冲地带

从北京、天津、河北的城市化水平来看，人口密度大，城市化趋向于集中连片发展，这将带来更大的环境问题。根据世界发达国家和地区城市群的发展模式，城市之间需要增加生态空间加以缓冲和隔离。而北京与相邻的天津、保定之间主要是平原，农业景观为主，生态缓冲和隔离功能相对较弱，需要强化片林为主的隔离林带建设。北京平原造林工程的实施，就是具体落实京津冀生态一体建设战略的具体行动，为后期项目的实施积累了经验，探索了模式。通过平原造林前后的平原区森林资源格局变化来看（图8-4），北京平森林与湿地面积增速快，块状林地、湿地多，万亩以上林地增加23片，由8片增加到31片，其中大兴区森林、湿地面积分别增加13492.8771公顷和229.1895公顷，通州区森林、湿地面积分别增加12977.4905公顷和104.1266公顷。该工程实施以后，已经在北京与天津、河北廊坊之间形成了以林为主、林水结合的生态隔离片区骨架，为后期的补充完善奠定了坚实基础。如果今后在京津冀协同发展中，下决心把京东南地区森林湿地之间的其他用地用于生态建设，继续加强片林中间的绿化，把现有片林做大，成为集中连片的森林隔离区，成为水源净化补充区，成为污染净化隔离区，将使本地区形成真正的森林与湿地相结合的区域生态隔离带和新的生态功能板块，对京津冀地区的生态环境将产生根本性的影响。

（三）评估结果

【结　论】

（1）突出强调了城乡一体、林水结合、生态网络的城市森林的建设理念，为京津冀地区森林生态建设由传统山地林业向城市林业、平原林业的战略转变树立了典范。

（2）在京东南边界地带形成了森林与湿地相结合的大面积生态片林，初步建立了区域间的生态缓冲地带，与京津冀协同发展的生态空间建设格局高度契合。

【问 题】

（1）森林分布呈现山区多、平原少的状态；

（2）山地森林资源质量不高，人工林比重大；

（3）平原区森林破碎，缺少成规模自然片林；

（4）城市主要分布在平原区，人口密集，森林生态服务空间相对缺乏。

【建 议】

在平原区建设成片的森林湿地，优化区域生态空间，提高平原区森林生态系统的功能性和稳定性。

二、区域生态承载力

在短期内增加森林资源100万亩以上，大幅度提升了区域生态环境承载力。从京津冀地区森林资源的整体变化趋势来看，新中国成立以来本地区都非常重视造林绿化，特别是随着太行山绿化、退耕还林、京津风沙源治理等生态工程的实施，森林资源呈现持续增长态势，河北省森林覆盖率由1981年的9%提高到2015年的31%，天津市森林覆盖率也由1981的2.6%增加到2015年9%，北京市则由1981年的8.1%增加到2015年的41.6%，分别增加了22、6.4和33.5个百分点，增加速度显著快于全国平均水平（表13-1）。

表13-1 津冀地区森林覆盖率变化（%）

年 代	1981	1988	1993	1998	2003	2008	2015
北 京	8.1	12.1	14.99	18.93	21.26	31.72	41.6
天 津	2.6	5.4	7.47	7.47	8.14	8.24	9
河 北	9	10.8	13.35	18.08	17.69	22.29	31
全 国	12	12.98	13.92	16.55	18.21	20.36	21.63

（一）在京津冀地区的引领作用

从横向比较来看，北京市造林绿化工作取得的成绩在本地区是名列前茅的，森林覆盖率增加幅度分别是河北省的1.5倍、天津的5.2倍、全国的3.5倍，新中国成立以来湿地面积持续减少的势头也得到了彻底遏制，这当中平原造林和湿地建设的贡献是巨大的。

（二）对北京自身生态承载力的提升

从自身变化来看，北京平原区生态资源在近年来显著增加，仅城乡结合部拆除违法违规建筑就有1063.68万平方米，绿色隔离带地区新增森林绿地22.3万亩，因此平原造林对本地区生态空间的总量增加发挥了决定性作用。

（三）评估结果

【结　论】

（1）在生产与生活空间密集区扩大生态承载力，有助于为区域发展提供更直接有效的生态服务。

（2）在短期内增加森林资源100万亩以上，并促进湿地资源的保护与恢复，增加了区域内的生态环境承载力。

【问　题】

相对于平原区城市、人口发展的需求和压力，整体生态承载力不足。

【建　议】

通过平原区特别是城市森林湿地建设，提高区域生态承载力。

三、跨区污染阻隔

发挥森林在净化水土、改善空气等方面的重要功能，是北京平原造林的重要任务之一。北京市环保局环境质量公报的数据显示，北京平原区是地表水环境、大气质量都相对较差的地带。而相邻的天津、河北平原区，无论是河流水质，还是雾霾等典型污染天气的发展趋势，都反映出本地区污染的传播是跨区域的，环境问题不是以行政区域为界限的。2014年4月17日，北京市发布了大气环境中PM2.5来源解析最新研究成果。北京全年PM2.5来源中区域传输贡献占18%~36%，本地污染排放贡献占64%~72%。平原百万亩造林，增加了京东南地域森林资源，在大气、水污染跨区域传播地带安装了森林"净化器"，将有效阻断跨区域的污染传播路径。

（一）净化北京河流水质，减轻水污染的跨区域传播

平原造林重点集中在大兴、通州等北京河流下游地带，特别是湿地和河岸森林建设，对于净化下游水污染，减轻水污染跨区域传播意义重大。从地表水来看，北京东南地区河流水质基本是V类水，无论是对于本地区河流沿线，还是对下游的河北、天津的水质都是非常不利的。

（二）发挥森林净化空气的功能，减轻空气污染的跨区域传播

京东南地区是北京空气污染外出和外部空气污染进入的路径，平原造林有助于发挥森林净化空气的功能，减轻空气污染的跨区域传播。近年来引起社会广泛关注的雾霾污染，更是跨区域的影响。北京的空气污染格局显示，北京东南地区大气污染一直高于西北部地区，而北京周边地区钢铁、水泥等污染企业的分布情况表明，北京、天津外围地区污染企业分布数量多、规模大。2008年北京奥运会、2014年北京APEC会议期间的特别措施及其显著效果表明，北京周边地区的工业是造成京津冀地区大气污染的重要原因。环境污染的治理核心是

减少污染源，但这毕竟有个极限。社会经济的发展不可避免地要造成一定的环境影响。在严重污染的环境下，森林、湿地等生态系统的净化缓冲功能可能不显著，但到了污染源治理的极限之后，森林、湿地的作用就会更突出地显示出来。北京平原造林就是这样一个既面向现实问题，又瞄准长远功能的生态工程。从工程建设区分布来看，平原造林与现有的地表水污染区、大气污染区高度耦合，刚好发挥净化缓冲功能。

（三）评估结果

【结 论】
在大气、水污染跨区域传播地带安装了森林"净化器"，将有效阻断跨区域的污染传播路径。

【问 题】
生态空间破碎化，缺少贯通性骨干生态廊道。

【建 议】
河流生态廊道建设还需要进一步完善，增强河岸森林的自然性，保留和适当恢复自然河岸。

四、区域生态廊道

京津冀地区是全国污染问题非常突出的地区之一。本地区生态系统的主要问题之一是缺少山水之间、林水之间的生态连接，建设贯通性生态廊道对于本地区生态系统健康和功能非常重要。百万亩平原造林在主干河流与公路沿线营造森林景观，基本形成了15条贯通性的区域生态廊道。

（一）基本建成了骨干河流生态廊道

本地区虽然河网密布，但河流生态系统受到严重的破坏，已经失去了河流连续体的生态功能，主要表现在：河流普遍断流，本地区除了河流干流以外，几乎大部分支流常年断流，区域内21条主河，年均断流258天；河水普遍污染，平原区尤其是城市下游地区河段河流水质多数在Ⅳ类水以下，地表水劣Ⅴ类（丧失使用功能的水）河长6180千米，断面比例达30%以上，许多河段成为垃圾场；河岸植被带普遍消失，河流最主要的景观——河岸植被带在本地区河流几乎都不存在，优美的河流景观和丰富的动植物成为遥远的过去；河道治理高度人工化，许多河流都以防洪、河道治理等名义进行了河岸、河床的硬化，岸带植被景观高度人工化，缺少与河流自然的生态联系。从国外的建设经验来看，保持一定宽度的自然河岸植被，保持河流的自然属性，对于河流本身的健康以及整个地区生态系统的连接都是非常重要的。因此，京津冀地区需要依托骨干河流建设跨区域、贯通性的生态廊道，这是保障本地区生物多样性保护、生态系统健康的重要途径。

从平原造林实施后的森林资源分布图可以看出，沿着永定河、潮白河、温榆河沿线（图13-2、图13-3），已经初步形成了连续的森林绿带，其中仅永定河沿线新增造林5万亩，形

图 13-2 通州区温榆河滨河森林

图 13-3 朝阳区温榆河滨河森林

成 70 多千米长、森林面积达 14 万亩的绿色发展带。这是北京市本身的 3 条骨干生态廊道，也有助于未来建设贯穿整个京津冀地区的重要生态廊道，对于本地区生态环境改善和生态系统健康都至关重要。

（二）建设了会呼吸的生态河流

在城市段建设了 11 个滨河森林公园，突出强调了保护原有植被，营造森林景观，保持河岸的自然性，建设会呼吸的生态河流。

图 13-4　京平高速通道景观防护林

图 13-5　密云区西统路联络线防护林带

图 13-6　顺义区京密引水渠防护林带

图 13-7 通州区高速路沿线绿化

（三）基本建成了通道森林景观廊道

形成了京石路、京开路、京津塘路、京沈路、顺平路、京密路、京张路、外二环路等 8 条主要公路和京九、大秦两条主要铁路 10 条骨干通道森林景观廊道（图 13-4 至图 13-7）。

（四）评估结果

【结 论】

在主干河流与公路沿线营造森林景观，基本形成了 15 条贯通性的区域生态廊道，将为本地区生物多样性保护和生态系统健康发挥重要作用。

【问 题】

河流廊道的自然性不够，贯通的湿地生态系统网络没有完全建立起来。

【建 议】

进一步加强河流生态廊道森林景观建设，提高河流岸带的自然度和植被的乡土性。

五、区域水资源调控

京津冀大部分位于海河流域。京津冀区域近 50 年来由于农业发展、城镇发展、兴修大型水库蓄水、气候变化等原因大量开采地下水和截蓄地表水，致使该地区地下水位持续下降、漏斗面积不断增加，京津冀地区形成了全国最大的地下水漏斗区，地表河流干涸、断流，地表湖泊不断退化萎缩。如中国北方最大的浅碟式淡水湖泊白洋淀已经出现退化趋势并出现干淀危机，上游补给的唐河等河道已经多年断水。受自然气候条件变化和区域水资源消耗，区域的水资源量已由20世纪50年代末的280亿～290亿立方米减少到21世纪初的140亿～150亿立方米，区域的人均水资源量不足300立方米／年，远低于国际公认的人均500立方米的"极度缺水标准"，是全国平均水平的1/7；同时由于过度超采浅层、深层地下水，最近10年平原区地下水平均埋深从11.9米下降到24.9米，年均下降1.1米。在北京，这个问题更为突出，依据国家地下水超采区有关标准，北京市水务局划定全市地下水严重超采区3113平方千米，主要分布在密云、怀柔、昌平、顺义、平谷、大兴、朝阳、海淀区域范围。2014年的观测表明，潮白河右堤原来地下水埋深为4米，现在为40米，可见地面沉降的严重性。水资源危机已经成为京津冀地区最核心的生态性问题。由于区域生态的调洪蓄水补水能力大为下降，造成土地沙化现象、城市热岛效应、雨岛效应频发。随着城镇建设用地面积逐步扩大，生态基础设施与市政基础设施不足，特大城市地区又面临较为严重的内涝问题。一方面极度缺水，另一方面不能蓄水，下雨时候雨水遍地流，区域性缺水和城镇地区水害相并存的怪相困扰京津冀区域发展。

京津冀地区水资源危机的解决需要多措并举，除了南水北调、节约用水、循环用水等途径以外，更主要的是向天要水。本地区多年平均降雨量为531～549毫米，降水集中在6、7、8、9月，缺水与洪水危害并存。要通过增加生态用地空间，发挥森林、湿地在蓄水、调水、补充地下水方面的独特作用，留住洪水、蓄住雨水是缓解本地区水资源危机和灾害的根本途径。

北京市平原造林工程的实施，增加了水源涵养面积100万亩，通过林冠层、枯落物层和土壤层拦截滞蓄降水，起到有效涵蓄土壤水分和补充地下水、调节河川流量的功能，平原造林工程在平原区形成了共计90个千亩以上地下水补给区，每年可涵养水源 2.02×10^8 立方米。

评估结果

【结 论】

北京平原造林工程从整体上大幅增加平原地区水源涵养面积，形成90个千亩以上重要的地下水源补给区，每年涵养水源量将达到 2.02×10^8 立方米。

【问 题】

河水断流，湿地面积萎缩；水污染形势严峻，湿地退化；环境污染加剧，跨区域传播问题突出；对平原区森林与水的关系缺少权威可信的科学数据。

【建 议】

加强新造林地的科学管护，按照生态防护、水源涵养、景观游憩等不同功能定位定向培育城市森林。

第十四章
平原造林生态服务价值与居民满意度

北京市百万亩平原造林的实现对于保障首都生态安全、改善城市生态环境、满足市民生态需求都具有不可估量的作用。2014年，中国首次公布生态GDP，指出我国每年森林生态系统提供主要服务价值达12.68万亿元，相当于2013年GDP的22.3%。因此，将北京市百万亩平原森林生态服务功能价值进行货币量化具有显著的意义。此外，我们还重点对平原造林区的居民及环卫工人进行了问卷调查，以进一步了解工程对居民生态福利的改善状况以及北京居民对造林工程的满意度。

一、服务价值评估

自2012年起到2015年年底，北京市包括顺义、通州、大兴的全部地区，房山、昌平、怀柔、平谷、门头沟、延庆和密云7个区的平原地区，朝阳和石景山部分地区、海淀山后及丰台河西区平原造林共完成面积110.78万亩，已提前完成五年内实现百万亩平原造林的任务。北京市平原造林采用以乔木为主，通过乔灌草合理搭配，常绿与落叶混交，异龄树种的合理结合来模拟近自然森林状态。其中，阔叶树胸径达8厘米，针叶树树高达2米以上，可实现立地成林的效果，加上基础设施建设的高标准和高质量的任务要求，促使所造林分能充分有效地发挥生态效益、经济效益和社会效益（图14-1）。

（一）生态效益

根据2007年北京森林生态资产研究成果，有林地（针阔混交林）的各单位面积生态效益功能量和价值量见表14-1所示，依据此单位价值量可算出百万亩平原造林现在实际发挥的生态效益和多年以后随着林分的长大发挥的潜在的生态效益。

图 14-1 海淀区锦绣大地平原造林工程

表 14-1 北京森林单位面积生态效益功能量和价值量参数

编号	效益类型	效益名称	单位效益功能量		单位价值量	
			值	计量单位	值	计量单位
1	降温增湿	降低温度	88.7	兆焦/(公顷·天)	3322.39	元/(公顷·天)
		增加湿度	43.56	吨/(公顷·天)	593.04	元/(公顷·天)
2	大气调节	大气CO_2调节	18.12	吨/(公顷·年)	6789.19	元/(公顷·年)
		大气O_2调节	13.23	吨/(公顷·年)	4882.68	元/(公顷·年)
3	碳储量	碳储量	120.26	吨/公顷	15.47	元/(公顷·年)
4	水源涵养	拦截降水	3780.43	立方米/(公顷·年)	6199.9	元/(公顷·年)
		涵蓄降水	545.6	立方米/(公顷·年)	894.78	元/(公顷·年)
		净化水质	335.26	立方米/(公顷·年)	368.78	元/(公顷·年)
5	净化空气	减少二氧化硫	0.13	吨/(公顷·年)	46.86	元/(公顷·年)
		减少氟化物	3.29	千克/(公顷·年)	0.53	元/(公顷·年)
		减少氮氧化物	5	千克/(公顷·年)	2.87	元/(公顷·年)
		释放植物杀菌素	1	吨/(公顷·年)	461.32	元/(公顷·年)
		释放负氧离子	700/1500	个/立方厘米	24.67	元/(公顷·年)
		滞尘	18.05	吨/(公顷·年)	1583.24	元/(公顷·年)
6	降低噪声	降低噪声	125.22	分贝/(公顷·年)	261.58	元/(公顷·年)
7	减少病虫鼠害	减少病虫鼠害	0.04	公顷/(公顷·年)	13.32	元/(公顷·年)
8	土壤形成	植被养分累积年增长量	125.13	千克/(公顷·年)	451.61	元/(公顷·年)

（续表）

编号	效益类型	效益名称	单位效益功能量		单位价值量	
			值	计量单位	值	计量单位
8	土壤形成	枯落物分解	0.97	吨/(公顷·年)	805.43	元/(公顷·天)
9	土壤保持	土壤保持	1.7	吨/(公顷·年)		元/(公顷·天)
		减少养分流失量	56	千克/(公顷·年)	21.88	元/(公顷·年)
		减少泥沙淤积量	0.33	立方米/(公顷·年)	4.61	元/(公顷·年)
		避免土地废弃面积	5.7	平方米/(公顷·年)	2.19	元/(公顷·年)
10	防风固沙	防风固沙			382.27	元/(公顷·年)
11	农田防护	农田防护			1000	元/(公顷·年)
12	维持生物多样性	维持生物多样性			5011.31	元/(公顷·年)

注：温湿度的计算一天按10小时进行计算，负氧离子浓度新造林按700个/立方厘米，成林后按1500个/立方厘米来进行计算。

1. 成林后生态效益评估

截至2015年年底，北京市百万亩平原造林已完成造林面积112.31万亩，即7.4874万公顷，随着林木的生长和适当的管护，林分成林后才能逐渐发挥稳定的效益，按表14-1的参数计算，产生的生态效益价值总量为811.40亿元（表14-2）。

表14-2 百万亩平原绿化工程实际成林后与2015年生态效益比较

编号	效益类型	效益名称	功能量			价值量（万元/年）	
			潜在	2015年	计量单位	成林后	2015年
1	降温增湿	降低温度	178918.11	16612.64	万兆焦耳/年	6701643.04	622250.98
		增加湿度	87865.53	8158.36	万吨/年	1196229.94	111070.56
2	大气调节	大气CO_2调节	133.88	12.43	万吨/年	50163.29	4657.69
		大气CO_2调节	97.75	9.08	万吨/年	36076.66	3349.74
3	碳储量	碳储量	888.57	82.50	万吨/年	114.30	10.61
4	水源涵养	拦截降水	27932.46	2593.54	万立方米/年	45809.20	4253.41
		涵蓄降水	4031.27	374.31	万立方米/年	6611.26	613.86
		净化水质	2477.14	230.00	万立方米/年	2724.80	253.00
5	净化空气	减少二氧化硫	0.96	0.09	万吨/年	346.23	32.15
		减少氟化物	24.31	2.26	万千克/年	3.92	0.36

（续表）

编号	效益类型	效益名称	功能量		计量单位	价值量（万元/年）	
			潜 在	2015年		成林后	2015年
5	净化空气	减少氮氧化物	36.94	3.43	万千克/年	21.21	1.97
		释放植物杀菌素	7.39	0.69	万吨/年	3408.56	316.49
		释放负氧离子	1.81×10^{15}	3.10×10^{14}	万个/年	334.47	16.92
		滞尘	133.37	12.38	万吨/年	11698.09	1086.17
6	降低噪声	降低噪声	925.21	85.91	万分贝/年	1932.74	179.46
7	减少病虫鼠害	减少病虫鼠害	0.30	0.03	万公顷/年	98.42	9.14
8	土壤形成	植被养分累积年增长量	924.55	85.84	万千克/年	3336.81	309.82
		枯落物分解	7.17	0.67	万吨/年	5951.08	552.56
9	土壤保持	土壤保持	12.56	1.17	万吨/年	0.00	0.00
		减少养分流失量	413.77	38.42	万千克/年	161.66	15.01
		减少泥沙淤积量	2.44	0.23	万立方米/年	34.06	3.16
		避免土地废弃面积	42.12	3.91	万平方米/年	16.18	1.50
10	防风固沙	防风固沙				2824.48	262.25
11	农田防护	农田防护				7388.70	686.04
12	维持生物多样性	维持生物多样性				37027.07	3437.98
合计						8113956.16	753367.5

注：温湿度按北京春、夏、秋三个季度的天数，即273天进行计算。

2. 实际生态效益评估

由于北京百万平原造林为新造林分，其林分不可能与成林后的林分发挥相同的生态效益，因此，为了更客观反映其实际效益，对2015年平原造林工程实施后林地已产生的生态效益进行测算。由于树木真正发挥生态功能的主要部位在于树冠，因此，可以将树冠表面积作为森林发挥生态效益的基准量。根据北京建成区城市森林结构与空间发展潜力研究思路，可以将阔叶树树冠看作圆柱体，针叶树树冠整体看作圆锥体。即

$$S_{阔} = \pi \cdot R^2 + 2 \cdot \pi \cdot R \cdot (H-h)$$
$$S_{针} = \pi \cdot R^2$$

式中：$S_{阔}$为阔叶树的树冠空间表面积；$S_{针}$为针叶树树体表面积；R为树冠半径；H为树高；h为枝下高。

百万亩平原造林采用针阔混交，阔叶树胸径达 8 厘米，针叶树高达 2 米以上，其中阔叶乔木树种采用基本的 6 米树高，枝下高采用 3 米计算。通过冠高和树冠直径关系 $y=1/(0.099978+1.965642e-0.60x)$，其中 x 为树冠直径，y 为冠高，可得知阔叶树和针叶树树冠直径分别为 5.64m 和 2.65m，则单株树木空间体积分别为 149.82 立方米和 6.93 立方米。

按照乔木树种栽植密度 74 株／亩（株行距按 3 米计算）可知共栽植乔木 7486.58 万株；阔叶树和针叶树栽植比例为 7∶3，则其数量分别为 5240.606 万株和 2245.974 万株，空间体积总共为 812180.6759 万立方米。

根据《北京植物志》，百万亩平原造林所用乔木树种潜在平均树高为 16.42 米，平均冠径为 9.52 米。由此可以得到，多年以后百万亩平原森林发挥生态效益的潜在体积为 8745812.775 万立方米，将是 2015 年年底实际树木总体积的 10.77 倍。北京百万亩平原造林后可产生的年生态价值分别为：降低温度为 622250.98 万元、增加湿度为 111070.56 万元、大气 CO_2 调节为 4657.69 万元、大气 O_2 调节为 3349.74 万元、碳储量为 10.61 万元、拦截降水为 4253.41 万元、涵蓄降水为 613.86 万元、净化水质为 253.00 万元、减少二氧化硫为 32.15 万元、减少氟化物为 0.36 万元、减少氮氧化物为 1.97 万元、释放植物杀菌素为 316.49 万元、释放负氧离子为 16.92 万元、滞尘为 1086.17 万元、降低噪声为 179.46 万元、减少病虫鼠害为 9.14 万元、植被养分累积年增长量为 309.82 万元、枯落物分解为 552.56 万元、减少养分流失量为 15.01 万元、减少泥沙淤积量为 3.16 万元、避免土地废弃面积为 1.50 万元、防风固沙为 262.25 万元、农田防护为 686.04 万元、维持生物多样性为 3437.98 万元，年生态效益价值量为 75.34 亿元（表 14-2）。

（二）经济效益

1. 直接经济效益

林木产品及衍生出来的相关木产品行业（木材家具、锯材、木片等）的发展，天然橡胶、松香油料以及干鲜果品和坚果等在交通及食用领域的广泛应用，无一不体现着森林丰富的自然资源和硕大的经济利益。林分的健康生长带动的不仅仅是林木产业的发展，而是与人生活息息相关的方方面面的繁荣。由于百万亩造林时间较短，尚没有直接的经济产品，只有苗木的价值。

2. 间接经济效益

（1）促进旅游业的繁荣发展。生活在喧闹的城市中的人们，每天面对钢筋水泥、听着纷扰的噪音，很渴望到清静幽雅的环境中放松心情。而森林丰富的色彩、优美的景观、静谧的环境都在一定程度上帮助市民强身健体、陶冶情怀、养心益智，吸引人们赏玩。作为天然的休闲娱乐的好去处，有效地带动着旅游业的繁荣发展。

（2）优化产业结构，提高劳动生产率。在促进旅游业服务业发展的同时，林副产品包括林果、木材也可以带动林副产品加工、造纸业等行业的发展，避免重工业的集中扩大，推动轻工业的广泛进步。无论是在森林环境中工作还是从事森林相关产业，愉快的心情、舒适的环境会促进工作效率的提高，为产业带来可观的经济利益。

（3）刺激绿地周边房地产增值。随着人们物质生活水平的不断满足，生活质量的要求也越来越高，加之生活环境的不断恶化，人们普遍有着对森林环境的无限渴望和绿色生活的殷切向往。房地产开发商总会注重利用这点作为他们楼盘的推销点和高价格的卖点。依山傍水的居住环境往往都会带来价值不菲的经济效益（图14-2）。

图 14-2　昌平区未来科技城造林工程

（三）社会效益

森林社会效益是森林提供给人类除了生态效益和经济效益以外的其他效益，涵盖森林文化、疗养保健、改善民生等诸多功能。

（1）促进城市文明进步，打响首都国际名片。森林塑造着人类文化，人与森林相互依存、相互发展。森林文化促进了社会文化的形成与进步。百万亩平原森林的实现，不仅在改善首都生态环境方面起着积极的作用，而且依托其建立的游憩场所与基础设施建立生态科普文化基地，对传播森林文化、提升人类文化素养、促进城市文明进步具有促进作用，有利于首都全国政治、文化和国际交往中心的建设。

（2）缓解就业竞争压力，解决过剩劳动力问题。百万亩平原造林工程的实施是一个促进就业，拉动失业无业人士上岗就业的过程。不论是建设施工还是建设完成以后的管护，都需要一定数量技术人才、管理人员和大量劳动力的投入，这在一定程度上帮助缓解就业压力大，劳动力过剩等问题，对于减轻就业形势压力、稳定民生具有重要作用。

（3）发挥疗养保健效能，改善市民身心健康。森林是地球的肺，维持碳氧平衡，吸收二氧化硫等有毒气体，提供高负氧离子，减弱噪音，维持生物多样性等。森林带来的诸多生态效益有利于增强人体健康。其创造的静谧的环境能够舒缓人类身心，使人得到精神上的舒畅与愉悦。

（4）创造天然教学基地，推进科技力量进步。森林是天然的且生动的教学课堂，通过直观的教学实践可以提高学生的学习兴趣，增强教学效果，理论与实际的结合对推动教学事业的发展起着至关重要的作用。森林一直是科学研究的重点与焦点，尤其是在城市生态安全遭到胁迫的时候，城市森林维持碳氧平衡、改善小气候、净化空气等生态功能又成为了众多学者研究的热点。百万亩平原造林的实现为自然科学的研究及首都在全国建立全国科技创新中心起着推动作用（图14-3）。

图14-3 大兴榆垡平原造林

二、投入产出评价

至2015年，北京市平原造林112.31万亩，绿化造林共投入343.21亿元（表14-3）。根据前面实际生态效益的评估，2015年，可实现每年75.34亿元的生态效益，绿化造林总投入与年产生效益的投入产出比为1∶0.22；如果林分完全成林，可产生每年811.39亿元的效益，即绿化造林总投入与年产生效益的潜在生态效益投入产出比为1∶2.36。

表14-3 平原百万亩造林投入

地 点	面积（亩）	绿化投入（万元）
合 计	1123122.2	3432113.665
朝 阳	28621.7	98295.6
海 淀	16986.2	45819.3
丰 台	20045	69576.8
石景山	281	843
大 兴	201852	576551.66
通 州	194058.6	618724.29
顺 义	180658.9	514053.01
昌 平	125157	425002.85
房 山	159012.8	507594.525
门头沟	3508	11300
平 谷	36058	109851.83
怀 柔	20439	76799.5
密 云	50897	143052.5
延 庆	79413	216906.8
市属单位合计	6134	17742

三、居民满意度评价

根据平原百万亩造林工程的规划与实施资料,选取造林涉及的海淀区、朝阳区、昌平区等 14 个区进行问卷调查,其中根据造林面积的大小划定通州区、大兴区、顺义区与房山区为调查问卷的重点区域,于 2015 年 3—6 月对 14 个区的居民进行随机问卷调查;调查采用面对面的方式进行,调查者与受访者进行现场访谈,以保证数据来源的真实可靠。

在本次问卷设计中,为了更好地反映工程实施为北京居民带来的生态福利,在调查问卷设计中除了受访者个人基本特征进行调查以外,特从平原造林工程质量、居民生活环境质量、景观质量与绿色空间可达性四个方面入手,以科学性、层次性、系统性、数据的可获取性与可靠性为基本准则,设计 21 项指标对其进行评价(表 14-4)。

表 14-4 北京市居民满意度调查指标体系

目标层	准则层	指标层
居民满意度(O)	工程质量(A)	工程总体满意度(A1)
		绿化改变程度(A2)
		扬尘改善程度(A3)
		绿荫变化程度(A4)
		造林支持率(A5)
		绿化苗木(A6)
		树种选择(A7)
		地表覆盖物情况(A8)
	环境质量(B)	生态环境状况(B1)
		绿地覆盖状况(B2)
		绿地质量(B3)
	景观质量(C)	四季变化(C1)
		绿地景观满意度(C2)
		北京特色景观(C3)
		公园建设满意度(C4)
	可达性(D)	休闲绿地最近距离(D1)
		游憩绿地数量(D2)
		绿地可进入性(D3)
		到绿地的主要方式(D4)
		游憩频次(D5)
		逗留时间(D6)

在本次满意度分析中,采用归一法对原始数据进行标准化处理,最终确定 21 个指标的标度等级(表 14-5),并利用公式计算出其评分值,最后根据权重算出总体满意度。

表 14-5 居民满意度调查指标等级

指标	指标等级			
	1.0	0.8	0.6	0.2
A1	非常满意	比较满意	一般	不满意
A2	明显提高	有一定提高	差不多	较差
A3	明显提高	有一定提高	差不多	较差
A4	明显提高	有一定提高	差不多	较差
A5	有很大帮助	有一定帮助	不清楚	没有帮助
A6	非常满意	比较满意	一般	不满意
A7	非常满意	比较满意	一般	不满意
A8	生活垃圾	生产垃圾	其他	枯枝落叶
B1	非常满意	比较满意	一般	不满意
B2	非常满意	比较满意	一般	不满意
B3	非常满意	比较满意	一般	不满意
C1	非常明显	比较明显	不明显	没有注意
C2	非常满意	比较满意	一般	不满意
C3	非常满意	比较满意	一般	不满意
C4	非常满意	比较满意	一般	不满意
D1	<500 米	500~1000 米	>1000 米	没有
D2	增加	减少	无变化	不了解
D3	非常满意	比较满意	一般	不满意
D4	步行	骑行	公共交通	开车
D5	> 4 次	3~4 次	2~3 次	1~2 次
D6	> 5h	3~5h	1~3h	不确定

制定好指标等级以后,计算指标层的评分值,参照前人研究成果,各指标评分值计算公式如下:

$$Q_i=(C_i\times 1.0+D_i\times 0.8+E_i\times 0.6+F_i\times 0.2)/(I_i-B_i) \quad (14-1)$$

式中,$i=1,2,3\cdots\cdots 21$;Q_i 为第 i 个指标的评分值;C_i、D_i、E_i、F_i、G_i 分别表示针对第 i 个指标的在有效问卷中选择相应选项的样本数;I_i 为调查总样本数,B_i 为调查问卷中"缺填"

的样本数。

(一)问卷调查概况

1. 问卷数量

问卷调查通过网络与实地调研两种形式进行,历时三个月,调查时间周末与工作日相互穿插,以保证调查对象的代表性。本次调查共计发放问卷5449份,其中居中调查问卷5200份(居民满意度问卷3300份,平原造林区游憩情况问卷1900份),造林区环卫工人工作情况问卷249份。回收有效问卷共4880份(居民满意度问卷2952份,平原造林区游憩情况问卷1686份,造林区环卫工人工作情况问卷242份),问卷有效率89.56%。

2. 调查地点

结合2012年以来平原区造林的实际情况,主要选择近三年来新造的公园、绿地、永定河绿道、小区周围、重要人口聚集点(如广场)等具有典型性与人口较多的地方发放问卷。主要针对朝阳区的来广营区、将台乡、金盏乡、黑庄户,海淀区的上庄、苏家坨;丰台区的良乡、长辛店、王佐;石景山区的永定河岸;大兴区的永定河岸、大兴新城、亦庄新城、青云店、北臧村、榆垡、采育以及安定;通州区的通州新城、宋庄、台湖、马驹桥、西集、永乐店、漷县;顺义区的北七家、汉石桥湿地;昌平区的沙河、东小口及奥森公园;房山区的南海子、永定河岸;门头沟区的永定河岸、滨河公园;平谷区的平谷新城等地,并详细走访其中分布的中关村森林公园、千亩槐树园、东郊森林公园、台湖森林公园、龙桑文化园、青龙湖湿地公园等17处重点地段进行详细调研。

3. 调查人群基本信息

首先,从调查人群性别构成来看,本次调查问卷回收的有效问卷共4880份,其中男性2221人,女性2659人,所占比例分别为45.5%和54.5%。总体而言,本次问卷调查中男女比例差别不大,性别差异对调查结果不会产生太大的影响。

其次,从调查人群年龄构成来看,65%以上的问卷调查对象以青年人(18~28岁)与中年人(29~44岁)为主(图14-4),调查人群中城市发展主力的青年人与中年人占有绝对优势,对

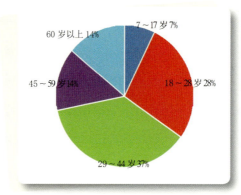

图14-4 调查人群年龄构成

北京市近些年的发展变化状况也比较了解,这与北京市的城市人口年龄分布特征相吻合。

第三,从调查人群职业构成来看,企业单位人群居于首位,比例为31%,其次为事业单位职员及学生,所占比例分别为18%和17%(图14-5)。从以上数据可以看出,本次调查对象以企事业单位职员为主,学生以及退休人员所占的比例也比较大,调查对象具备一定的知识素养,能保证问卷调查的准确度。

图14-5 调查人群职业构成

第四,从调查人群收入情况及文化程度来看,收入在3000~8000元之间共2139人,所占比例为47%(图14-6)。调查人群文化程度均以本科生为主(图14-7)。由此可以看出,本次被调查人群收入水平以中等为主,调查对象也都受有良好的教育,这有助于保证问卷的准确性与合理性。

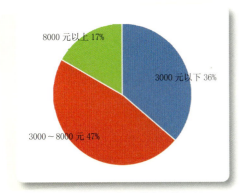

图14-6 调查人群收入情况

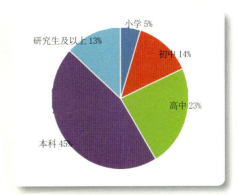

图14-7 调查人群文化程度

最后,从居住时间上来看,居住时间达5年以上的有2654人,占总数的60%。北京平原区百万亩造林工程于2012年开始实施,因此,在北京居住时间达到3年以上的人群对周围绿色环境的改变应有较大的感受,从而使调查结果更加具有代表性。

综上所述,本次问卷调查中,调查对象的男女数量比例合理,被调查人群以青年人与中年人为主,其职业以企事业单位工作为主,居住时间在5年以上,其工资水平较好,职业稳定,文化程度为本科的占了绝对优势,这表明本次被调查人员选择合理真实,调查结果可靠性高。

（二）公众对平原造林的评价

1. 调查数据结果分析

本次调查分别从造林工程的满意度、造林后绿化变化、造林树种选择等8个方面对调查数据进行统计分析，结果如图14-8。

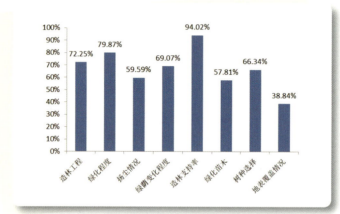

图14-8 造林工程质量中不同指标的公众满意度

* 地表覆盖情况百分比越高表明其满意度越低

人们对平原造林工程的满意度达到了72.25%，其中有19.94%的人对此项工程结果表示非常满意，52.31%的人对工程效果比较满意。

在造林后的绿化程度变化上，有79.87%的人认为造林后的绿化情况有提高，其中28.62%的调查者认为明显提高，51.25%的调查者认为有一定提高，只有极少数人（5.72%）表示周围的绿化程度没有变化。

在造林后的扬尘情况变化上，有59.59%的人认为造林后扬尘情况有改善，其中14.87%的人认为有明显提高，44.72%的人认为有一定改善，但也有相当一部分人（31.27%）认为扬尘情况并没有很大的变化。

在造林后的夏季树荫变化情况上，有69.07%的人认为造林后夏季周围树荫增加了，其中22.36%的人认为夏季绿荫有明显增加，46.71%的调查者认为有一定增加，但同时也有一定数量的人（22.36%）认为夏季树木遮阴的情况明显增多。

从造林的支持度上看，有94.02%的人认为通过造林工程的实施可以帮助缓解空气污染的问题，对造林工程表示支持，其中43.36%的调查者认为植树造林对解决空气污染的问题有很大帮助，50.68%的人认为植树造林对缓解空气污染问题有一定帮助，这也从侧面反映出居民认为造林是必须的也是非常必要的。

在本次造林工程的绿化苗木规格上，剔除603个不了解苗木规格的调查者以后，在剩下的2349个调查人群中，有57.81%的人对造林工程中绿化苗木的选择是满意的，其中有12.94%的人对苗木规格的选择非常满意，44.87%的人表示比较满意；在本次造林工程的树种选择上，剔除 554 个不了解苗木规格的调查者以后，在剩下的 2398 个调查人群中，有 66.34% 的人对造林工程中树种的选择是满意的，其中有 14.76% 的人表示对本次工程的树种选择非常满意，51.58% 的人表示比较满意（图 14-9）。

在造林工程的地表覆盖物情况上，本次调查以环卫工人的工作情况为指标以体现枯枝落叶等自然有机覆盖物的情况，结果表明在造林区以清扫枯枝落叶为主的环卫工作占 38.84%。

图 14-9　海淀区中关村森林公园

2. 公众评分值排名

按照公式（14-1）对工程质量中的各调查指标进行归一化处理，得到一系列评分值，从表格中可以看出排名在前五位的依次为造林支持率（A5）＞绿化改变程度（A2）＞工程总体满意度（A1）＞树种选择（A7）＞绿荫变化程度（A4），从中可以看出人们对造林的必要性十分认可，即对北京平原区的造林工程支持度达 90% 以上，也表现出了公众对植树造林更大的需求（表 14-6）。

表 14-6　工程质量各指标评分值

指　标	A1	A2	A3	A4	A5	A6	A7	A8
分　值	0.7635	0.7941	0.7123	0.7433	0.8644	0.7257	0.7484	0.6760

（三）公众对环境质量的评价

1. 调查数据结果分析

本次调查分别从北京生态环境满意度、造林后绿地覆盖情况、造林后绿地质量等 3 个方面对调研数据进行统计分析，结果如图 14-10。

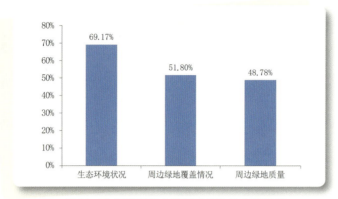

图 14-10 环境质量中不同指标的公众满意度

人们对生态环境的满意度达到了 69.17%，其中有 1193 名调查者认为北京市当前生态环境状况一般，占 40.41%；有 28.76% 的调查者对当前生态环境状况比较满意，有 24.73% 的人对当前的环境质量不满意。

根据调查人员对其周围绿地覆盖情况的评价上来看，有 51.8% 的人表示对其周边的绿地覆盖状况表示满意，其中 7.83% 的人表示非常满意，有 43.97% 表示比较满意；也有 41.84% 的人认为周边的绿地覆盖情况一般。

从调查者周边的绿地质量上来看，有 48.78% 的人对其周边的绿地质量表示满意，其中表示非常满意的人数占 6.54%，比较满意的人数占 42.24%；认为附近绿地质量一般的人数达到了 44.68%。

以上数据表明，2012 年平原造林以后，分散在居住区的绿地数量已有一定增加，满足了该地区人们对绿色福利空间的需求。

2. 公众评分值排名

按照公式（14-1）对工程质量中的各调查指标进行归一化处理，得到一系列评分值，按照从大到小的分值依次排列为绿地覆盖状况（B2）＞绿地质量（B3）＞生态环境状况（B1），从中可以看出公众对绿地覆盖状况的评价最高，表明造林后绿地覆盖情况与质量有所提高（表14-7）。

表 14-7 环境质量各指标评分值

指标	B1	B2	B3
分值	0.5830	0.6938	0.6845

（四）公众对景观质量的评价

1. 调查数据结果分析

本次调查分别从四季景观变化、绿地景观评价、北京特色景观以及公园建设满意度等 4

个方面对调研数据进行统计分析,结果如图 14-11。

在四季景观变化上,有 85.22% 的人认为各自所在地区植物景观四季变化明显,其中表示景观变化非常明显与不太明显的人数一致,均为 1251 人,占了总人数的 42.61%,只有少数人(11.61%)认为其变化不明显,还有极少数人(3.13%)对景观四季变化没有关注。

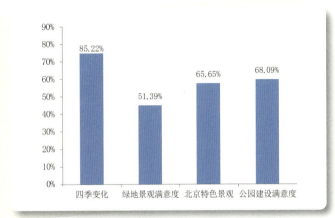

图 14-11 景观质量中不同指标的公众满意度

在绿地景观评价中,有 51.39% 的人对其所在地区周边的绿地景观表示满意,其中有 8.27% 的人表示非常满意,43.12% 的人表示比较满意,同时也有 43.63% 的人认为其景观质量一般。

在北京特色景观的营造上,剔除 571 个不了解的调查者以后,在剩下的 2381 个调查人群中,有 65.65% 的人对造林过程中营造的北京特色景观表示满意,其中表示非常满意的占总人数的 16.97%,表示比较满意的占了 48.68%。

从公园建设满意度情况上来看,受调查人员中 68.09% 的人对他们常去的公园建设情况表示满意,其中有 10.91% 的人对其周边的公园建设表示非常满意,而有 57.18% 的人表示比较满意。

以上数据说明北京市绿地的景观质量在这一时期基本上能满足居民所需的景观质量要求。

2. 公众评分值排名

按照公式(14-1)对工程质量中的各调查指标进行归一化处理,得到一系列评分值,按照从大到小的分值依次排列为四季变化(C1) > 北京特色景观(C3) > 公园建设满意度(C4) > 绿地景观满意度(C2),从中可以看出公众对景观四季变化的评分最高(表 14-8)。

表 14-8 景观质量各指标评分值

指 标	C1	C2	C3	C4
分 值	0.8432	0.6994	0.7535	0.7464

(五）公众对绿色空间可达性的评价

1. 调查数据结果分析

本次调查中所指的绿色空间可达性主要是指某一地区的绿地、公园、广场等绿色空间是否能够满足在这个区域内生活或工作的居民的日常游憩需求，通过调查居民区1千米以内的休闲绿地情况，生活区周围游憩绿地数量变化，新建绿地是否允许居民进入游憩，到绿地的主要方式（若选择步行或骑行则说明最近的绿地就能满足居民日常游憩需求）等几个方面，本次调查分别从最近的休闲绿地距离、游憩绿地数量、绿地可进入性、到绿地的主要方式、游憩频次以及在公园绿地的逗留时间等6个方面对调研数据进行统计分析，结果如图14-12。

图14-12　绿色空间可达性中不同指标的公众评价

注：其中休闲绿地最近距离百分比表示0～1000米范围；到绿地的主要方式百分比表示骑行与步行选项；游憩频次指的是每周去公园游憩2次及以上的频次；逗留时间指的是时长在1小时以上的人数比例。

从调查者居住区最近休闲绿地的距离来看，在2952个受调查者中，0～1000米范围内有休闲绿地的情况占了64.6%，其中500米范围以内有休闲绿地的情况占了26.59%，500～1000米范围内有休闲绿地的情况，占了38.01%，同时绿地较远的比例也比较高，达到了35.4%。

从造林工程后绿地增加的数量情况上来看，在2952个受调查者中有48.87%的人认为造林后该地区的游憩绿地数量增加，效果明显。

从绿地的可进入性上来看，剔除587个不了解的调查者以后，在剩下的2365个调查人群中，对此项指标表示满意的人数比例占了54.37%，其中有12.81%的人表示非常满意，41.56%的人比较满意。

通过对人们到绿地游憩的主要方式的调查发现，选择步行的人数所占比例最大，为32.68%；其次是选择乘坐公共交通去绿地的人数，比例为29.69%；选择骑行去绿地的比例为28.21%，排名第三。从以上数据中可以看出，有90.58%的人们选择步行和骑行等低碳环保的方式出行（图14-13）。

从人们到公园的游憩频次与逗留时长来看，在1686个调查者中，平均每周去公园2次以上的人数比例达到 35.54%；人们在公园内逗留的时长在 1 小时以内的人数占了总数的 90.74%，其中每次在公园的逗留时间控制在 1~3 小时内，比例达到了 54.21%，在 3 小时以上的达到了 36.53%。

从以上数据可知，造林工程后，居民生活区附近的绿色福利空间增加为居民的健身、娱乐游憩等提供了极好的场所（图 14-14）。

图 14-13　南长河公园绿道

图 14-14　北京国际雕塑园

2. 公众评分值排名

按照公式（14-1）对工程质量中的各调查指标进行归一化处理，得到一系列评分值，按照从大到小的分值依次排列为休闲绿地最近距离（D1）＞绿地可进入性（D3）＞到绿地的主要方式（D4）＞逗留时间（D6）＞游憩绿地数量（D2）＞游憩频次（D5），从中可以看出公众对居住区最近休闲绿地的距离得分最高，表明在平原造林工程后分布在居民生活区周围的绿色空间增加了（表 14-9）。

表 14-9　绿色空间可达性各指标评分值

指　标	D1	D2	D3	D4	D5	D6
分　值	0.7824	0.5376	0.6970	0.6682	0.3923	0.6461

四、评估结果

【结 论】

（1）北京市平原造林 1011714 亩，共投入 343.21 亿元。2015 年可实现年产 75.34 亿元的生态效益。造林总投入与年产生效益的投入产出比为 1∶0.22；如果林分完全成林，每年可产生 811.39 亿元的效益，造林总投入与年产生效益的潜在生态效益投入产出比为 1∶2.36。

（2）北京市平原造林每年可产生的生态效益主要包括：降低温度为 622250.98 万元、增加湿度为 111070.56 万元、二氧化碳调节为 4657.69 万元、氧气调节为 3349.74 万元、拦截降水为 4253.41 万元、涵蓄降水为 613.86 万元、净化水质为 253.00 万元、减少二氧化硫为 32.15 万元、释放植物杀菌素为 316.49 万元、释放负氧离子为 13.58 万元、滞尘为 1086.17 万元、降低噪声为 179.46 万元、植被养分累积年增长量为 309.82 万元、枯落物分解为 552.56 万元、减少养分流失量为 15.01 万元、防风固沙为 262.25 万元、农田防护为 686.04 万元、维持生物多样性为 3437.98 万元。

（3）从公众对百万亩造林工程的整体评价来看，79.87% 的人认为造林后的绿化程度有所提高，公众对平原造林工程的总体满意度达到了 72.25%，支持度更是高达 94.02%。说明平原造林是一项公众认可度非常高的民生工程。

（4）从公众对百万亩造林工程的造林树种评价来看，57.81% 的人对造林工程中绿化苗木的选择是满意的；66.34% 的人对造林工程中树种的选择是满意的。说明大苗造林、乡土树种、多树种组合的造林模式获得了公众比较广泛的认同。

（5）从公众对百万亩造林工程的生态效果评价来看，工程区所在地 69.07% 的人认为造林后夏季周围树荫增加了，59.59% 的人认为造林后扬尘情况有改善，对生态环境的满意度达到了 69.17%。

(6) 从公众对百万亩造林工程的景观效果评价来看，工程区 85.22% 的人认为各自所在地区植物景观四季变化明显，65.65% 的人对造林过程中营造的北京特色景观表示满意，整体上对平原造林的景观效果给予了很高评价。

(7) 从公众对百万亩造林工程的林地质量评价来看，只有 48.78% 的人对其周边的绿地质量表示满意，而对于林地地表覆盖状况有 51.8% 的人表示满意，这表明截至 2015 年调查完成，平原造林的林分质量还不高。

(8) 从公众对百万亩造林工程的增加游憩空间效果来看，工程区 64.6% 居民在 1000 米范围内可以到达休闲绿地；48.87% 的人认为造林后该地区的游憩绿地数量增加。这为居民日常的健身、娱乐游憩等提供了极好的绿色空间，54.37% 的人对绿地的可进入性表示满意，90.58% 的人们选择步行和骑行等低碳环保的方式出行，每周去公园 2 次以上的人数比例达到 35.54%，在公园内逗留时长在 1 小时以上的人数占了总数的 90.74%。

【问 题】

(1) 从居民对其居住区周边绿地景观的评价来看，有 68.09% 的人对他们常去的公园建设情况表示满意，而只有 51.39% 的人对其所在地区周边的绿地景观表示满意，说明今后对居住区绿地的景观建设要给予关注。

(2) 工程区高达 51.22% 的公众认为林地质量不高，特别是地表裸露、林相过于整齐划一等现象还比较普遍，与公众的期待还有很大距离。

【建 议】

(1) 从造林区环卫工人的工作量来看，以清扫枯枝落叶为主的工作占了 38.84%，这种做法需要改进，提倡近自然的森林培育。

(2) 新造林地的使用率不高，游人数量少。一方面加大对城市森林宣传，利于市民知晓和使用新建林地；另一方面是建设完善的绿道网络，利于市民进入林地（图 14-15）。

图 14-15　昌平滨水森林公园绿荫停车场

第十五章
北京平原造林成效综合评估结果

平原造林工程实施紧紧围绕"两环、三带、九楔、多廊"的空间布局,以六环路两侧、城乡结合部重点村拆迁腾退绿化为重心,以及重点河流道路两侧、航空走廊和机场周边、南水北调干线两侧重要功能区周边绿化和废弃砂石坑、荒滩荒地治理为重点(图 15-1),建设范围涉及顺义、通州、大兴、房山、昌平、怀柔、平谷、门头沟、延庆、密云和朝阳、石景山、海淀、丰台等 14 区,自 2012 年以来,经过四年努力建设,共完成造林 105 万亩、植树 5400 多万株,实现了"三年完成主体、四年扫尾"目标任务,标志着平原地区百万亩造林工程建设任务全部圆满超额完成。2015 年,我们从生态承载力增加、非首都功能疏解、宜居环境改善、水资源调控、生态意识提高、京津冀协同发展和生态服务价值七个方面,对北京第一轮平原百万亩造林工程所取得的成效进行了量化评估,本章在前述分项评估基础上,凝练出了以下综合评估结果。

一、总体评估结果

一是平原造林坚持集中连片、林水结合、均衡发展,增加了首都生态承载力。①平原造林扩大了大片森林的体量,使万亩以上林地增加23个,千亩以上大片森林增加210处,百亩以上林地增加1931个,改变了平原区"林带多、片林少"的资源结构。②平原造林坚持林水结合,在通州、大兴、房山、顺义等区建设恢复森林湿地5.3万亩,建成大兴长子营、房山长沟、通州环渤海高端总部基地、东郊森林公园湿地园、平谷城北等5处湿地公园,形成永定河、潮白河等百里湿地森林景观带,提升了湿地在完善首都可持续自然系统中的重要作用。③平原造林使通州、大兴、顺义等生态空间薄弱地区的森林面积均增加16%以上;使平原区shannon-均匀度景观格局指数增加了12.5%,提高了平原区生态空间分布的均衡性,促进了平原区生产生活空间与生态空间的融合分布,实现居民身边增绿,有利于消解城市的硬度和灰度。④平原造林使平原区生态空间的景观格局形状指数提高了14个百分点,生态空间形状由过去相对规则的几何形,向更加趋于自然化的形状发展,提高了森林生态空间形态的自然性。资源调查显示,平原造林显著增加了城近郊区生态空间,使平原森林覆盖率由2011年14.85%提高到2015年的25%以上,与纽约、伦敦、东京、巴黎等世界城市的森林覆盖率缩小10个百分点的差距,将过去"一树独大"的杨树林面积比例由2010年的63%下降到43%,促进了首都森林生态格局不断优化,生物多样性不断提升,生态承载能力持续增强(图

图15-1 南水北调干线房山区青龙湖段造林工程

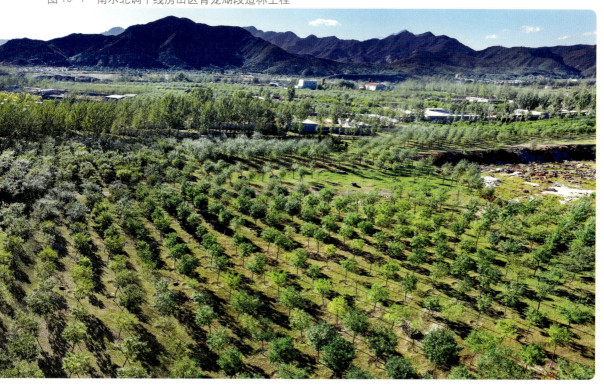

图 15-2　大兴北京新机场周边片林

15-2）。

二是平原造林坚持规划建绿、拆违还绿、绿岗护绿，促进了非首都功能疏解。①平原造林围绕"两环、三带、九楔、多廊"的布局规划，重点建设第二道绿化隔离地区、京东南平原地区以及生态廊道，造林实施地块与北京市城市总体规划确定的生态空间相吻合，是城市总体规划中生态空间的具体落实。②平原造林加大城乡结合部和绿隔地区造林绿化，拆除违法违规建筑1735万平方米，疏解外来人口近10万人，清退流动人口聚集点500多个，绿隔地区新增森林绿地22.3万亩（一道1.1万亩、二道21.2万亩），海淀唐家岭、朝阳沙子营、昌平北七家等昔日低端产业聚集、外来人口密度大、私搭乱建多、环境脏乱差的地段通过拆迁腾退造林变成了绿树成荫的森林景观，改善了平原地区的生产生活环境。③平原造林使农民通过土地流转补偿得到稳定收益，并且参与工程建设和后期养护实现绿岗就业，14个区均设立了林木养护管理中心，建立500支以经过上岗培训的本地农民为主的专业养护队伍；平原造林还通过发展林下经济和旅游开发进一步增加收入，约有7万多名当地农民实现绿岗就业增收，落实了生态建设惠民富民，带动了项目区绿色产业的发展。

三是平原造林坚持雨洪利用、生态净化、水源涵养，增强了水资源调控能力。①平原造林在百万亩造林区内最大限度地实现雨水积存与渗透，促进雨水资源的利用，具有巨大的调控地表径流潜在功能，增强了北京雨洪调控能力。②平原造林通过森林养护、湿地扩展应用再生水资源和植物生态净化技术，净化天然降水，

并使污水变资源。③平原造林稳定形成近自然林后，将实现森林自维持和强大的涵养水源能力，预计每年可涵养水源 1.91×10^8 立方米，相当于修建了 19 个千万立方米库容的水库，其中，平原区水资源超载区每年可涵养水源 7.62×10^7 立方米。平原造林改善了城近郊区的林木水土环境，提升了雨水资源利用、生态环境保护和应对自然灾害等方面的能力。

四是平原造林坚持生态优先、景观融合、身边增绿，改善了首都宜居环境。①平原造林为首都居民提供了健康服务供给资源，每年可增加吸收二氧化碳 134 万吨，释放氧气 98 万吨，基本可以与四环—五环范围内的人口吸氧释碳量相抵，为北京市碳氧平衡做出贡献；新造林地区负氧离子浓度含量平均可达到 700 个／立方厘米，滞尘 133 万吨，吸收二氧化硫 9600 吨、氟化物 23 万千克、氮氧化物 34 万千克，可增加释放植物杀菌素 73900 吨，平原造林增加了北京平原区森林"净化器"的体量，改善了空气质量。②平原造林消减城市热岛效应显著，热岛消减范围总面积 1550 平方千米，降温效应总价值为 4.9 亿元。③平原造林注重居民就近生态休闲需求，形成了以游憩功能为主导的大型城市森林游憩绿地 36 处，建成京城槐园、中关村森林公园等各类森林美景游憩胜地 8 处，形成了南海子湿地、环渤海总部基地湿地等 8 处湿地森林景观，建成张镇乡镇公园、龙湾屯乡镇公园等 7 处乡镇森林休闲绿地，为项目区百姓创造了更多更方便的生态游憩空间，69% 的平原区居民认为周边公园绿地数量增加明显，65% 的居民基本可以在 1 千米之内到达森林绿地健身。④平原造林充分利用建设用地腾退、废弃砂石坑、河滩地沙荒地、坑塘藕地、污染地实施生态修复和环境治理 36.4 万亩，实现了生态修复与景观提升双赢。北京历史上的五大风沙危害区得到彻底治理，永定河沿线新增造林 5 万亩，形成 70 多千米长、森林面积达 14 万亩的绿色发展带；20 多年未能治理的昌平西部 2 万多亩沙坑、煤场及怀柔 60 米深的 6400 亩大沙坑变成了生态景观游憩区；燕山石化周

图 15-3　昌平西部地区沙坑、煤场景观生态林

边 2 万多亩污染地通过造林得到生态修复，形成了森林景观（图 15-3）。

五是平原造林坚持大地植绿、心中播绿、文化强绿，促进了首都生态文明建设。通过问卷调查发现，百万亩造林工程实施对公众生态文明意识和生态文明行为均有明显提高，平原造林成为推进生态文明建设的重要基础性工作，为生态文明建设营造良好氛围。①平原造林改善了工程区的环境面貌，也潜移默化地影响了人们的行为意识，90.52% 的被调查者表示有助于提高居民的生态文明意识，62.1% 的人表示自己对生物多样性保护的关注度有提高。②平原造林提高了居民参与生态建设的积极性，为各类生态文化活动提供了平台，76.9% 的受访者表示自己在生态活动中的参与度明显提高。③平原造林带来了建设参与式、体验式森林生态科普场所的需求，89.7% 的受访者认为需要在各类绿地中设置一些必要的生态科普设施，说明公众希望把生态游憩与生态文化充分结合的需求是非常普遍的。

六是平原造林坚持区域协同、生态一体、绿色缓冲，促进了京津冀生态协同发展。生态一体化是京津冀协同发展的环境基础，平原造林在京津冀协同发展战略版图中价值突出、示范和带动作用巨大。①北京平原造林为京津冀地区森林生态建设由传统山地林业向城市林业、平原林业的战略转变树立了典范。②平原造林在京东南、京津保中心区过渡带形成大片森林 11 处，初步建立了区域间的生态缓冲地带，在大气、水污染跨区域传播地带安装了森林"净化器"。③平原造林对贯穿全境并通向津冀的 30 余条重要道路、河流绿化带加宽加厚、增绿添彩、改造提高，基本形成了贯通性的区域生态廊道，将为本地区生物多样性保护和生态系统健康发挥重要作用。

七是平原造林坚持百年大计、立足民生、着眼长远，具有较好的投入产出效益。①平原造林的实现对于保障首都生态安全、改善城市生态环境、满足市民生态需求都具有不可估量的作用，平原百万亩造林总投入与年产生的潜在生态效益价值之比为 1∶2.48，并将随着时间的推移，发挥出越来越显著的生态效益、经济效益和社会效益。②平原造林是一项公众认可度非常高的民生工程，公众对平原造林工程的满意度达到了 72.3%，支持度更是高达 94.0%。

平原造林工程在建设规模、造林速度、质量水平、景观效果等方面均创造了北京平原植树造林新的历史，如此大规模的城市绿化工程在我国乃至世界城市绿化史上也无先例。工程建设得到了社会的广泛赞誉和市民的衷心拥护，并将极大地增强首都功能核心区、城市功能拓展区和城市发展新区的生态容量和发展动力，必将是首都绿化发展史上一场空前绝后的伟大造林工程。

二、具体评估结果

（一）平原造林与生态承载力增加

平原百万亩造林，进一步促进了北京从过去山地林业向现代城市林业的战略转变，显著增加了城近郊区森林、湿地的面积，实现了身边增绿，首都森林生态系统森林面积、活立木蓄积量、森林覆盖率、人均公园绿地面积、城市绿化覆盖率等5项指标的持续增加，森林生态格局不断优化，生物多样性不断提升，平原地区森林资源生态承载能力持续增强。

（1）平原造林增加了平原区生态资源数量，优化了北京市森林生态格局。平原百万亩造林，共植树5400余万株，使平原地区的森林覆盖率从2011年的14.85%提高到2015年的25%，净增10.15个百分点（其中北京城市发展新区的森林覆盖率增加12.13%），带动全市森林覆盖率提升近4个百分点，极大地增强了首都功能核心区、城市功能拓展区和城市发展新区的生态发展容量。从平原造林的总体布局来看："两环"新增森林面积47684.835亩，"三带"新增森林资源100707.915亩，"九楔"新增森林面积471904.17亩，"多廊"两侧1000米范围内新增森林资源188021.235亩，平原区森林景观格局趋向于合理化。

（2）平原造林通过林水结合，遏制了首都湿地面积减少、功能退化的趋势。平原百万亩造林坚持林水一体建设，在顺义区汉石桥，大兴长子营，平谷马坊镇、马昌营镇、王辛庄，房山窦店、长沟、小清河、琉璃河，通州宋庄镇、于家务乡等地恢复和建设湿地5.3万亩，建成东郊森林公园湿地森林区、长沟湿地公园、小清河湿地公园、长子营湿地等大型湿地休闲片区，形成永定河、潮白河等百里湿地森林风光带，提升了湿地在完善首都可持续自然系统中的重要作用。

（3）平原造林缩小了北京与纽约、伦敦、东京、巴黎等四个世界城市的森林覆盖率差距。平原百万亩造林，使北京市森林覆盖率与四个世界城市的森林覆盖率缩小了10个百分点。与此同时，北京平原区森林覆盖率与世界城市的平均水平还有一定差距，并在森林资源质量上存在较大差距。只有继续增加平原地区森林资源，使平原地区的森林覆盖率逐步达到30%以上，才能不断夯实首都和北京市副中心发展的环境基础。

（4）平原造林显著增加了平原区片林的规模，改变了平原区"林带多、片林少"的资源结构，提升了平原区森林资源质量。平原百万亩造林充分挖掘利用了土地空间的潜力，扩大了规模化片林的体量。其中100~1000亩林地斑块数量增加了1931个，10000亩以上增加23个，显示出平原造林一方面更加充分的挖掘了可绿化土地空间潜力，另一方面继续维持了规模化林地占主体的结构特征。

（5）平原造林显著增加了森林资源薄弱区域的造林面积，提高了平原区森林资源分布的均衡性。平原百万亩造林，显著增加了大兴、顺义、通州、房山、昌平等生态空间薄弱区域的森林面积，对14个区生态空间的增加都有贡献，有利于生态空间的均衡合理分布。其中大兴区共造林197818.70亩，占总造林面积的17.86%；通州区共造林191327亩，占总造林面积的17.27%；顺义区共造林180658.90亩，占总造林面积的16.31%。

（6）平原造林提高了平原区生态空间分布的均匀性，改变了过去平原森林"远处多、身边少"的局面，有助于让森林融入到城市的每一个组成单元，更好地为居民服务。平原百万亩造林，使平原区shannon-均匀度景观格局指数增加了12.5个百分点，提高了平原区整体景观的均匀度，使平原区生态空间分布的均匀性增加，促进了平原区生产和生活空间与生态空间的融合分布，有利于消解城市的硬度和灰度，增加居民的绿视率，实现就近为居民提供生态服务。

(7) 平原造林提高了森林生态空间形态的自然性,有助于森林更好地发挥边缘效应,改善城市环境。平原百万亩造林,使平原区生态空间景观格局的形状指数提高了近14个百分点,森林、湿地等生态空间的形状由过去相对规则的几何形状,向更加趋于自然化的形状发展,有利于增加林地、湿地的边缘效应,促进生态系统的健康和生物多样性的保护。

(8) 平原造林丰富了平原区森林景观,改变了过去"有绿色、缺景色"的景观单一问题,杨树林所占比例由2010年的63%下降到2014年的43%。平原百万亩造林,种植10万株以上的乔木树种就达27种,使杨树林所占比例由2010年的62.88%下降到2014年的42.99%,进一步丰富了北京平原区的树种,林相单一的景观得到改善。其中,树种使用量100万株以上的有油松、白蜡、国槐、银杏、刺槐、旱柳、毛白杨、金叶榆、栾树等9个树种;使用50万~100万株的有白榆、元宝枫、垂柳、侧柏等4个树种;使用10万~50万株的有白皮松、华山松、楸树、新疆杨、银中杨、杜仲、桑树、圆柏、千头椿、臭椿、馒头柳、法桐、柿树、丝棉木等14个树种(图15-4)。

(9) 平原造林显著增加了乡土树种使用,乡土树种从2005年的119种增加到2014年的162种,种类增加43种,乡土树种使用量超过90%,改善了北京城市地区的树种组成结构,提高了生物多样性。

(10) 平原造林注重鸟类、昆虫栖息环境的营造,使用的主要栖鸟树种有18种1500余万株,鸟类食源植物有30种500万株,蜜源植物近62种1000余万株,为保护和提高北京平原区生物多样性,营造鸟语花香的自然环境提供了较大的上升空间。

图15-4 延庆区蔡家河柳树、白蜡、刺槐混交林

（二）平原造林与非首都功能疏解

平原造林工程促进了产业结构调整和非首都功能疏解，使昔日低端产业和外来人口聚集、私搭乱建多、环境脏乱差的地区，通过拆迁腾退延绿，彻底改变了环境面貌。同时，平原造林工程促进了农村产业结构调整，实现绿色发展。

（1）平原造林结合城乡结合部的环境治理开展造林绿化，促进低端产业退出。以平原百万亩造林为契机，在城乡结合部加大拆迁腾退造林和环境整治力度，其中拆迁建筑面积1735万平方米，绿隔地区新增森林绿地22.3万亩，进一步推动了农村产业结构调整，为首都经济社会可持续发展做出重要贡献。

（2）平原造林在唐家岭等重点地段开展的拆迁腾退还绿，加快了外来人口疏解。通过在北京平原区城乡结合部开展拆迁腾退还绿工作，共疏解外来人口近10万人，清退流动人口聚集点500多个，改善了平原地区的生产生活环境，海淀唐家岭、朝阳沙子营、昌平北七家等昔日低端产业聚集、外来人口密度大、私搭乱建多、环境脏乱差的地段通过拆迁腾退绿化变成了绿树成荫的森林景观。

（3）平原造林的实施地块与北京市城市总体规划确定的生态空间相吻合，是城市总体规划中生态空间的具体落实。北京平原造林工程通过落实"两环、三带、九楔、多廊"的规划布局，规划范围内新增森林83.9万亩，在平原地区初步建成了以大面积片林为基底、大型生态廊道为骨架、九大楔形绿地为支撑、若干健康绿道为网络的城市森林生态格局，这与《北京城市总体规划（2004—2020）》中构建的"两轴—两带—多中心"的城市空间结构相耦合，平原百万亩造林是对城市总体规划的落实和推进。

(4)平原造林发挥了育苗、造林、管护、旅游开发等各个环节的增加就业、提高收入等产业功能,带动了项目区绿色产业的发展。平原百万亩造林,吸纳农民参加造林绿化和林地的养护管理,14个区都设立了林木养护管理中心,成立专业养护队伍近500个,有1.11万当地农民由传统务农转为准林业工人;带动苗圃、林下经济、生态旅游、经济林果等绿色产业发展;约有7万多名当地农民实现绿岗就业增收,月收入达3000多元;通过土地流转补助、参与林木养护管理等工作,使平原区农民人均增收4000多元,实现了生态建设惠民富民。

(三)平原造林与宜居环境改善

百万亩造林既在平原形成大面积的绿色空间,也为首都居民提供了健康服务供给资源,将有力提升城市宜居环境和市民幸福指数(图15-5)。

(1)平原造林增加了北京平原区森林"净化器"的体量,与污染源治理结合更紧密,有助于改善空气质量。①百万亩造林完成后每年可吸收二氧化碳12.43万吨,释放氧气9.08万吨。待林分成林发挥稳定的生态效益时,可增加吸收二氧化碳133.88万吨,释放氧气97.75万吨,基本可以与四环—五环范围内的人口吸氧释碳量相抵,为北京市碳氧平衡做出贡献。②百万亩平原造林完成后每年可滞尘12.38万吨;吸收空气中有害气体二氧化硫0.09万吨、氟化物2.26万千克、氮氧化物3.43万千克;增加释放植物杀菌素6900吨,碳储量达82.50万吨。待林分成林发挥稳定的生态效益时,每年可滞尘133.37万吨;吸收空气有害气体二氧化硫0.96万吨、氟化物24.31万千克、氮氧化物36.94万千克;可增加释放植物杀菌素73900吨;碳储量达888.57万吨。

图15-5 房山小清河水岸造林

(2) 平原造林增加了北京平原区森林"绿岛"的体量和分布的均匀性，消减城市热岛效应显著。①北京平原森林具有显著的热岛消减效应，新增的百万亩林地本身及降温辐射较强的外围 100 米范围总面积达 1546 平方千米，热岛效应消减范围约占平原区总面积的 24.39%。②平原造林地块除了自身 681 平方千米的降温面积之外，通过冷岛效应向周边的辐射作用，还将形成 2502 平方千米的降温面积，其中降温辐射较强的 0～100 米边界外围范围即达到了 865 平方千米，已经高于造林本身所覆盖的地表面积。③按照居民用电价格 0.5 元／千瓦时计算，平原造林引起的降温效应总价值为 4.8882 亿元，其中林地本身的降温价值达到了 2.626 亿元，通过本身冷岛向周边辐射引起的间接降温效应的价值为 2.2622 亿元。

(3) 平原百万亩造林工程实施后，森林对居民健康服务供给能力大幅提升，新造林地区负氧离子浓度含量平均可达到 700 个／立方厘米。

(4) 平原造林注重建设游憩森林绿地，使市民有了更多更方便的生态游憩空间，实现了就地休闲游憩，也有助于减缓对西北部旅游和交通压力。①平原造林过程重视市民休闲需求，已建成以游憩功能为主导的城市森林绿地共计 36 处，面积约 6.28 万亩，随着森林质量的提升，将有越来越多的林地改造成公园，将为市民提供更多、更好的生态休闲空间。②平原造林也注重特色森林景观的营造，建设以观赏森林植物、挖掘植物文化内涵为主题的京城槐园、海淀中关村森林公园等各类森林美景游憩胜地 8 处，充分展现平原造林群体美与特色美相结合、生态美与文化美相结合的理念，为京城提供了科普教育、风光摄影、郊游采摘的新去处。③通过对平原造林区周边居民调查，从健身需求满足情况上来看，69% 的人认为周边公园或绿地等健身场所的数量增加明显，65% 的居民基本可以在 1 千米之内到达森林健身绿地，83% 的居民每周会开展 1～3 次的健身活动，说明森林健身场所增加满足了大多数居民的日常健身需求。④每年平原区有 10 亿人次开展健身活动，71% 和 56% 的居民选择在平日和节假日在周边进行森林游憩活动，平原造林为疏解北京西北部郊区游憩压力以及减少道路拥堵情况做出了贡献。

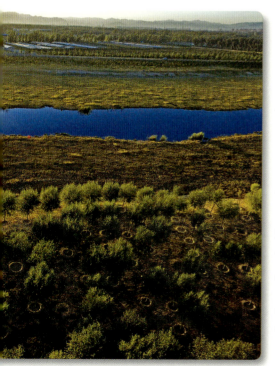

(5) 平原造林提升了平原区的森林美景度。①改变了过去平原区以单纯的阔叶林造林为主的单调的森林景观风貌，形成东南西北四大片区近 11228 亩的 11 处风格各异、兼具休闲健身、游憩观光能功，充满自然野趣，集中连片的地带性自然森林景观。②通过实施百万亩造林工程，增加观花植物 320 多万株，增加彩叶植物 710 多万株，使平原地区造林从过去单一的杨树林景观风貌变成以生态功能为主体、多种景观树种相组合，变化丰富的地域性森林景观风貌。

(6)平原造林采取依水建林的河流湿地改造模式,提升了河流、湖泊等湿地的美景度。①湿地保护与营造大片湿地生态景观林相结合,形成了南海子湿地、环渤海总部基地湿地等8处湿地森林景观,再现了北京湿地风光。②平原造林注重林水结合,在11条主要河道两侧建设150~200米永久性绿带,造林面积达20.64万亩,形成永定河、温榆河及潮白河等3条骨干河流为主,清河、坝河等8条骨干支流相连,贯穿京城南北、大片壮观的郊野滨河森林景观,为市民提供滨水森林美景。

(7)平原造林结合村庄绿化建设,提升了平原区村庄的景观质量。重视城镇乡村森林景观的建设,在城乡结合部和绿化隔离地区拆除违法违规建筑,营造大片森林,大力打造城镇公园,建成张镇乡镇公园、龙湾屯乡镇公园等7处城镇森林绿地,改善了城中村的生态环境,提升了城镇森林景观质量。

(8)平原造林充分利用建设用地腾退、废弃砂石坑、河滩地沙荒地、坑塘藕地、污染地实施生态修复和环境治理36.4万亩,实现了生态修复与景观提升双赢。北京历史上的五大风沙危害区得到彻底治理,永定河沿线新增造林5万亩,形成70多千米长、森林面积达14万亩的绿色发展带。20多年未治理的昌平西部2万多亩沙坑、煤场及怀柔60米深的6400亩大沙坑变成了生态景观游憩区;燕山石化周边2万多亩污染地通过造林得到生态修复,形成了森林景观。

(四)平原造林与水资源调控

平原造林改善了城近郊区的林木水土环境,最大限度地实现雨水在城市区域的积存、渗透和净化,促进雨水资源的利用和生态环境保护,为构建在适应环境变化和应对自然灾害等方面具有良好"弹性"的海绵城市发挥了积极的作用。

(1)平原造林增加的森林与湿地生态空间,显著提高了平原区水源涵养能力。平原造林是以生态林为主,经过前期人工管护,后期形成稳定近自然林后,将实现森林自维持和强大的涵养水源能力。平原百万亩造林每年可涵养水源$1.91×10^8$立方米,相当于修建了19个1000万立方米库容的水库,其中,平原区水资源超载区每年可涵养水源$7.62×10^7$立方米。平原百万亩造林使平原区森林的水源涵养能力提高47个百分点,相当于新增275万亩山地森林的水源涵养能力。

(2)平原造林减少了化肥、杀虫剂、除草剂使用量,净化天然降水,并通过森林养护、湿地扩展应用再生水资源和植物生态净化技术,使污水变资源。

(3)平原造林增加了100万亩的雨水下渗空间,具有巨大的调控地表径流潜在功能,增强了北京雨洪调控能力。

(五)平原造林与生态意识提高

通过问卷调查发现,百万亩造林工程实施对公众生态文明意识和生态文明行为均有明显提高,平原造林成为推进生态文明建设的重要基础性工作,为生态文明建设营造良好氛围。

（1）平原造林改善了工程区的环境面貌，也潜移默化地影响了人们的行为意识。百万亩造林工程实施对公众生态文明意识影响方面，有90.52%的人表示自身环境保护意识有提高，62.1%的人表示自己对生物多样性保护的关注度有提高。从工程区环卫工人的工作量情况侧面调查也反映了这种进步，近60%的环卫工人表示，其工作范围内乱丢垃圾、破坏植被的行为减少了，居民的生态文明行为明显提高。

（2）平原造林提高了居民参与生态建设的积极性，为各类生态文化活动提供了平台。百万亩造林工程实施对公众生态文化活动影响方面，工程区所在地的生态活动举办次数明显增加，达到了875次，其中举办义务植树169次，有义务植树基地152处，参与人数达到了1230001人次；举办环保主题活动256次，参与人数达25928人次。76.90%的受访者表示自己在生态活动中的参与度提高了。

（3）平原造林带来了建设参与式、体验式森林生态科普场所的需求。百万亩造林工程后期的生态科普设施建设方面，89.74%的受访者认为需要在各类绿地中设置一些必要的生态科普设施，说明公众希望把生态游憩与生态文化充分结合的需求是非常普遍的。

（六）平原造林与京津冀协同发展

生态一体化是京津冀协同发展的环境基础，平原造林工程在京津冀协同发展战略版图中价值突出、示范和带动作用巨大。

（1）北京平原百万亩造林突出强调了城乡一体、林水结合、生态网络的城市森林建设理念，为京津冀地区森林生态建设由传统山地林业向城市林业、平原林业的战略转变树立了典范。

（2）北京平原百万亩造林在京东南边界地带形成了森林与湿地相结合的大面积生态片林，初步建立了区域间的生态缓冲地带，与京津冀协同发展的生态空间建设格局高度契合（图15-6、图15-7）。

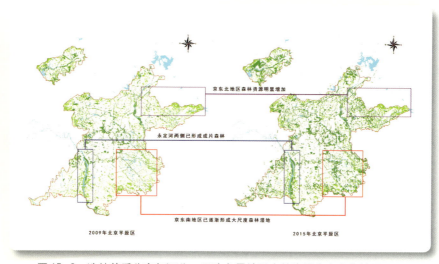

图15-6　造林前后北京与河北、天津交界地区森林资源分布变化情况

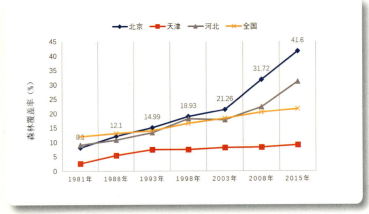

图15-7 1981—2015年京津冀地区森林覆盖率变化趋势示意图

(3)北京平原百万亩造林在大气、水污染跨区域传播地带安装了森林"净化器",将有效阻断跨区域的污染传播路径。

(4)北京平原百万亩造林提高了本地区的生态承载力。平原百万亩造林在生产与生活空间密集区扩大生态空间,有助于为区域发展提供更直接有效的生态服务。在短期内增加森林资源100万亩以上,并促进湿地资源的保护与恢复,增加了区域内的生态环境容量。

(5)北京平原百万亩造林全面落实京津冀协同发展国家战略,对贯穿全境并通向津冀的30余条重要道路、河流绿化带加宽加厚、增绿添彩、改造提高,基本形成了贯通性的区域生态廊道,将为本地区生物多样性保护和生态系统健康发挥重要作用。

(6)北京平原百万亩造林增加了地下水补给空间,有助于本地区水资源调控。北京平原造林工程从整体上大幅增加平原地区水源涵养面积,形成90个千亩以上重要的地下水源补给区,每年涵养水源量将达到2.02亿立方米。

(七)平原造林生态服务价值

北京市百万亩平原造林的实现对于保障首都生态安全、改善城市生态环境、满足市民生态需求都具有不可估量的作用,将随着时间的推移,发挥出越来越显著的生态效益、经济效益和社会效益。

(1)至2015年,北京市平原造林共投入343.21亿元,可实现年产75.34亿元的生态效益,造林总投入与年产生效益的投入产出比为1:0.22;如果林分完全成林,每年可产生811.39亿元的效益,造林总投入与年产生效益的潜在生态效益投入产出比为1:2.36。

(2)平原造林是一项公众认可度非常高的民生工程,公众对平原造林工程的满意度达到了72.25%,支持度更是高达94.02%。①从公众对百万亩造林工程的整体评价来看,79.87%的人认为造林后的绿化情况有提高,公众对平原造林工程的满意度达到了72.25%,支持度更是高达94.02%。说明平原造林是一项公众认可度非常高的民生工程。②从公众对百万亩造林工程的造林树种评价来看，57.81%的人对造林工程中绿化苗木规格的选择是满意的；66.34%的人对造林工程中树种的选择是满意的。③从公众对百万亩造林工程的生态效果评价来看，工程区所在地69.07%的人认为造林后夏季周围树荫增加了，59.59%的人认为造林后扬尘情况有改善，对生态环境的满意度达到了69.17%。④从公众对百万亩造林工程的景观效果评价来看，工程区85.22%的人认为各自所在地区植物景观四季变化明显，65.65%的人对造林过程中营造的北京特色景观表示满意，整体上对平原造林的景观效果给予了很高评价。⑤从公众对百万亩造林工程的林地质量评价来看，只有48.78%的人对其周边的绿地质量表示满意，而对于林地地表覆盖状况有51.8%的人表示满意，这表明平原造林的林分质量还不高。⑥从公众对百万亩造林工程的增加游憩空间效果来看，工程区64.6%居民在1000米范围内可以到达休闲绿地，48.87%的人认为造林后该地区的游憩绿地数量增加，54.37%的人对绿地的可进入性表示满意，每周去公园2次以上的人数比例达到35.54%。

第十六章
北京平原森林建设的问题与建议

北京平原造林是一项影响深远的生态建设工程，尽管首轮平原造林取得了显著成效（图16-1），但作为在没有参考范本而重新恢复城市地区森林景观的创新实践，平原造林在规划、建设、管理和利用过程中也存在一些不足。我们基于现有的认识，总结和梳理了北京平原造林绿化中的问题，也提出了改进的对策和建议，以期为北京后续造林绿化事业的健康和谐发展提供帮助。

图16-1 通州区北运河郭县万亩片林鸟瞰

（一）生态空间不能完全满足城市发展需求，森林资源总量仍需继续增加

平原绿化建设是缓解北京突出环境问题，实现首都经济社会可持续发展和建设"美丽北京"的必要条件。虽然通过实施百万亩造林工程，使森林覆盖率达到了25%，但与世界发达城市相比，仍然存在着较大的绿量落差。据国外关专家研究表明，当城市周围的森林覆盖率不低于35%时，大气质量基本可以实现碳氧平衡。按照这一标准测算，北京未来仍需在平原地区增加城市森林120万亩左右，可以预见，平原造林增绿将仍是北京今后绿化的一项持续性的重点任务。同时，现有平原区绿化建设主要源于防护林建设，森林类型比较单一，沿河、沿路的林带和农田防护林网占主体，片林面积小而破碎，整体呈现"林带多片林少、远处多身边少、人口多绿地少"的局面，生态系统仍非常脆弱。特别是随着城市向南、东方向的发展，以及通州城市副中心的不断拓展，这些现有的林地和城区绿地相对于庞大的城市生态需求来说还是严重不足。因此，继续增加平原地区森林资源仍是北京生态建设的一项持续性工作，也是夯实首都和北京行政副中心发展的环境基础。

具体建议包括：

（1）结合污染土地修复，实施退污还林，继续增加森林资源总量。

（2）结合水岸森林建设，建设生态廊道，强化生态系统的连通性。

（3）结合非首都功能疏解，把腾退土地用于造林绿化。

（二）部分造林地块建设水平不高，森林景观功能和服务设施有待提升

平原造林整体上缺少新技术支持，有的造林地块规划设计理念落实不到位，出现花灌木数量偏多、树种搭配不够合理、景观效果不理想的现象，需要进一步完善提高。主要体现在：一是部分工程规划设计不科学，树草比例和树种结构不合理，部分实施单位往往追求苗木种植的成活率以及后期管护的方便，采用单一品种集中连片种植的模式，造成了林分结构不合理，树种单一的林地结构，使得林地缺乏生物多样性，林地景观层次单调，林木生长力和林地抗性不高；二是许多近郊造林地的生态游憩服务价值不高，特别是许多处于六环以内的造林地是在"旧村拆迁、农民搬迁上楼"的基础上进行的，规划绿地就在居住区周边。然而，首轮平原造林建设的标准，只是改善了生态环境，而游憩设施不足，步道密度太低，远远不能满足附近居民休闲健身的需要，对于人口密集、生态区位重要造林地的绿化应一步到位，在居住区周边的平原地区绿化地块应直接按郊野公园标准建设，避免绿化后再提升成公园。

具体建议包括：

（1）加强对平原区造林树种的科学选择，避免把不适合平原区的白桦、云杉等树种大量用于平原造林。

（2）提高城市森林培育的科技水平，更加注重群落造林、生态系统管理、生物多样性保护

等城市森林健康经营。

(3) 对于生态林，把森林培育的重点放在主要乔木树种，减少灌木、草本的人工栽植数量，更多靠自然恢复。

(4) 加快游憩绿地的游憩设施、科普设施建设。

(5) 加快游憩绿地停车区、公交站等综合配套游憩设施建设，方便人们"亲""进"自然。

(6) 实施科学有效的树木管理方案，根据不同的树种生长特性，减少对相应树木的过度整形修剪，培育自然高大的健康乔木。

（三）新造林水土气生环境改善功能不强，急需强化林地土壤和地表管理

在欧美许多发达国家，城市化地区森林资源的主导功能之一就是提供清洁水源，包括利用城市中水资源灌溉林地来实现水体的再净化，减轻对下游地区水环境的影响。在北京，相对于山区土地来说，平原区由于高度城市化，工业、交通、居民生产生活等带来的污染长期累积，使平原区土壤、水体污染问题相对突出，有些地区的土地已经不适合作生产食品类的农林产品用地，而大量的中水资源又亟待科学利用。森林净化水土的能力巨大，污染物在树木体内得到有效降解和长期留存，是持续时间长、安全性好的生物治污途径。北京的平原区特别是是京东南平原区是北京河流的下游，承担着排污、净污的功能，需要发挥森林湿地的净水功能，使受污染的土地得到逐步修复，也为今后的食品安全和供给提供了土地储备和调整空间。同时，加强新造林地的科学管护，保留枯落物。许多造林地块自然化管护经营水平还不高，地面裸露严重，在造林区以清扫枯枝落叶为主的环卫工作占了 38.84%，不仅增加了环卫工人的工作量，也不符合生态建设的要求，要在科学保留林下枯落物的同时，积极推广利用 Mulch 覆盖技术，将自然途径与人工措施相结合，在确保城市排水防涝安全的前提下，最大限度地实现雨水在城市区域的积存、渗透和净化，促进雨水资源的利用和生态环境保护，构建在适应环境变化和应对自然灾害等方面具有良好"弹性"的海绵城市。

具体建议包括：

(1) 加强新造林地的科学管护，保留枯落物。

(2) 积极推广林地土壤 Mulch 覆盖技术。

(3) 保留自然灌草，把生态片林向自然林方向引导。

(4) 改变过度"纯化"的管理模式，降低养护成本。

（四）管护机制和监管力量难以适应现实需要，亟待创新发展分类分级管护体系

平原造林管护机制和监管力量仍需不断加强，主要体现在：

(1) 平原造林管护机制亟待创新发展。第一轮平原造林养护管理责任主体尚不一致，现有涉及园林绿化工程建设与养护的单位包括园林绿化、公路、水务、开发商、企业等，多头建

设，多头管理，使得部分单位主管的工程建设、养护管理项目游离于行业主管部门监管之外，在落实养护管理任务、施工质量和标准要求上均不一致，易出现脱离园林绿化整体规划、生态景观效果参差不齐的现象。同时，平原造林现有养护队伍以专业养护队伍为主，形成专业养护队、社会化养护队和个人承包养护三分天下的局面，不同专业养护队以及同类养护队不同养护队伍之间在养护技术、养护措施和养护管理方面也都存在较大差别，养护效果、养护质量和养护效率参差不齐。

（2）平原造林监管执法力量亟待加强。随着平原造林面积的增加，森林公安工作量日益加大，森林派出所均设在山区、丘陵乡镇，平原警力严重不足，加上近年来极端高温天气频繁，火源管理难度增大，人们的防火意识不强，平原地区森林防火形势十分严峻。同时，随着贸易往来的频繁，突发性林木有害生物的危险也时有发生，平原有害生物检疫与防治工作压力逐渐增大。另外，由于体制问题，对侵占绿地、毁坏城市树木、花草及其他损害绿化成果的行为，园林绿化局只有执法权，没有处罚权（城市绿化处罚权归城管），因此，在执法方面也存在一定的难度。

（3）乡级绿化管理机构不健全，基层管护站基础设施匮乏短缺，难以对平原绿化资源实施有效管理。如朝阳区是全市唯一没有林业站等乡级绿化主管机构的地区，2012年的平原造林工程由专业施工公司负责一年的养护管理后，经验收合格移交给当地乡政府管护，而后者由于绿化管理机构的缺位，很难在绿化行政管理上有效管理，势必会影响到平原地区绿化的长远效益。

同时要探讨建立平原绿化专职管理机构和专业养护机构，规范管护机制。建议在各区园林绿化局设立专职科室——平原造林工程办公室，配备15～20名专职人员，承担起平原造林工程的相关工作；建议按照政企分开、管干分离的要求，组建区园林绿化管理中心，承担园林绿化重点工程的规划、设计、施工、监理、管护等工作，并负责管理和指导城区及各乡镇的养护队伍。另外，探索科学的管护机制，建立林木养护和绿岗就业的工作机制，可以园林绿化部门为行业管理主体，成立全民所有制养护公司，公开招聘编外合同制养护工人，形成政府出资买服务、园林绿化主管部门行业监管、企业运作、农民受益的运作机制，达到管理到位，技术应用到位，具体管护内容到位，精准投入，全面提升管护水平。同时解决农民再就业，保护失地农民利益，提高农民收入，促进农民向林业工人转变。

具体建议包括：

（1）针对不同城市公园、郊野公园和普通公益林等不同绿化类型的功能要求，建立分类分级管护体系。

（2）探索市场化绿地管护，形成政府出资买服务、园林绿化主管部门行业监管、企业运作的模式与机制。

（五）跨区域生态环境问题日益突出，亟需实施区域性国家森林生态工程

绿化生态一体化是京津冀协同发展的环境基础，京津冀地区的森林主要分布在西北部太行山、燕山山脉，整体呈现山区多、平原少的状态，而北京、天津、石家庄、保定等城市的核心区主要分布在平原区，人口密集，仅靠山区的森林难以维继京津冀城市群的健康发展。习近平总书记2014年在考察京津冀地区协调发展过程中提出，从生态系统整体性着眼，可考虑加大河北特别是京津保中心区过渡带地区退耕还湖力度，成片建设森林，恢复湿地，提高这一区域可持续发展能力。因此，从本地区平原地区森林资源来看，建议联合启动一批重大国家森林生态工程项目。

具体建议包括：

（1）在北京与河北、天津交界平原地区营造森林隔离带，构建数千米宽、绵延数百千米的绕首都森林圈。

（2）加强永定河、温榆河、潮白河等区域性主干河流及高速公路的生态景观林带建设，构建贯通性的跨区域生态廊道。

（六）针对北京市平原森林培育技术储备不足，需要建立典型的试验示范区，开展森林培育的科学研究

大规模的平原造林拓展了北京市城市发展集中区的生态空间，由于平原造林的面积广、速度快、数量大，造林后的地块仍存在一些问题。一些新的造林地块虽然有绿色植被覆盖，但树木健康状况不佳，产生的生态服务效益非常有限，还无法为大多数的生物提供良好的栖息环境；有的造林地点之前为沙地、垃圾场、拆迁腾退地，其土壤状况不好，对树木的后期成长有很大的影响。十年树木，今后的平原森林经营管理与培育工作任重道远，建议加强平原区森林培育技术储备，通过建立典型试验区的形式，开展森林培育的研究，保证新造林的后期培育养护，提高森林质量。

具体建议包括：

（1）设立专门的科学观测实验区，针对"苗林"特点，研究现有林健康经营技术。

（2）开展鸟类、昆虫等城市森林生物多样性定位观测，研究平原区森林生物多样性保护技术。

（3）研发城市森林土壤水土保持功能技术提升。

参考文献

《中国森林生态服务功能评估》项目组, 2010. 中国森林生态服务功能评估 [M]. 北京：中国林业出版社.

北京市城市发展和改革委员会, 2013. 北京城市森林发展创新 [M]. 北京：中国建筑工业出版社.

陈龙, 刘春兰, 潘涛, 等, 2014. 基于干沉降型的北京平原区造林削减PM2.5效应评估 [J]. 生态学杂志, 33(11): 2897-2904.

陈玉娟, 王成, 郄光发, 2009. 有机覆盖物对城市绿地土壤水分和温度的影响 [J]. 中国城市林业, 7(3): 52-54.

陈自新, 苏雪痕, 刘少宗, 等, 1998. 北京城市园林绿化生态效益的研究 [J]. 中国园林, 14(1): 57-60.

董瑞龙, 2011. 北京园林绿化发展战略 [M]. 北京：中国林业出版社.

房城, 郭二果, 王成, 等, 2008. 城市绿地的使用频率与城市居民心理健康的关系 [J]. 城市环境与城市生态, 21(2): 10-12.

房城, 王成, 郭二果, 等, 2010. 城市绿地与城市居民健康的关系 [J]. 东北林业大学学报, 38(4): 114-116.

傅伯杰, 陈利顶, 马克明, 等, 2001. 景观生态学原理与应用 [M]. 北京：科学出版社: 202-207.

古琳, 王成, 2012. 中国香港和台湾城市森林发展的经验与启示 [J]. 世界林业研究, 25(3): 50-54.

郭二果, 王成, 郄光发, 等, 2009. 北京西山典型游憩林空气颗粒物不同季节的日变化 [J]. 生态学报, 29(6): 3253-3263.

郭二果, 王成, 郄光发, 等, 2010. 城市空气悬浮颗粒物时空变化规律及其影响因素研究进展 [J]. 城市环境与城市生态 (5): 34-37.

何兴元, 宁祝华, 2002. 城市森林生态研究进展 [M]. 北京：中国林业出版社.

贺士元, 邢其华, 1992. 北京植物志 [M]. 北京：北京出版社.

侯冰飞, 贾宝全, 冷平生, 等, 2016. 北京市城乡交错区绿地和植物种类的构成与分布 [J]. 生态学报. 36(19): 6256-6265.

侯晓静, 王成, 李伟, 2008. 城市居民区圆柏花粉浓度的时空变化及其影响因素 [J]. 城市环境与城市生态, 21(4): 33-36.

黄光宇, 2001. 中国生态城市的评价 [J]. 城市环境与城市生态, 4(3): 6-8.

黄健屏, 吴楚才, 2002. 与城区比较的森林区微生物类群在空气中的分布状况 [J]. 林业科学, 38(2): 173-176.

惠刚盈，2001. 德国现代森林经营技术 [M]. 北京：中国科学技术出版社.

贾宝全，2013. 基于 TM 卫星影像数据的北京市植被变化及其原因分析 [J]. 生态学报，33(5): 1654-1666.

贾宝全，仇宽彪，2017. 北京市平原百万亩大造林工程降温效应及其价值的遥感分析 [J]. 生态学报，37(3): 726-735.

贾宝全，王成，邱尔发，等，2013. 城市林木树冠覆盖研究进展 [J]. 生态学报，33(1): 0023-0032.

金佳莉，王成，贾宝全，2018. 北京平原造林后景观格局与热场环境的耦合分析 [J]. 应用生态学报，29(11): 3723-3734.

金佳莉，王成，张昶，等，2017. 北京平原造林绿化居民满意度研究 [J]. 林业经济，39(6): 73-81.

李倩，靳颖，华振玲，等，2005. 空气致敏花粉污染研究进展 [J]. 生态学报，25(2): 334-338.

李伟，贾宝全，王成，等，2009. 北京市景观格局特征分析 [J]. 林业科学研究，22(5): 747-752.

李伟，王成，贾宝全，等，2008. 城市森林布局优化研究进展 [J]. 世界林业研究，21(2): 16-21.

李忠魁，周冰冰，2001. 北京市森林资源价值初报 [J]. 林业经济 (2): 36-42

刘兴明，王成，郄光发，等，2016. 北京海淀区道路绿地地表覆盖状况季节变化研究 [J]. 中国城市林业，14(6): 7-12.

毛齐正，马克明，邬建国，等，2013. 城市生物多样性分布格局研究进展 [J]. 生态学报，33(4): 1051-1064.

彭羽，刘雪华，2007. 城市化对植物多样性影响的研究进展 [J]. 生物多样性，15(5): 558-562.

彭镇华，2003. 中国城市森林 [M]. 北京：中国林业出版社.

彭镇华，2006. 中国城市森林建设理论与实践 [M]. 北京：中国林业出版社.

彭镇华，江泽慧，1999. 中国森林生态网络系统工程 [J]. 应用生态学报，10(1): 99-103.

彭镇华，王成，2002. 俄罗斯、挪威、芬兰和瑞典的城市森林建设 [J]. 中国花卉园艺 (9): 26-28.

彭镇华，王成，2006. 北京林业发展战略研究与规划 [J]. 中国城市林业，4(1): 22-25.

戚继忠，由士江，王洪俊，等，2000. 园林植物清除细菌能力的研究 [J]. 城市环境与城市生态 (4): 36-38

钱吉，汪敏，唐俊，等，1997. 城市发展与生物多样性保护 [J]. 自然杂志，19(3): 173-174.

郄光发，杨颖，王成，等，2010. 软质与硬质地表对树木花粉日飘散变化的影响 [J]. 生态学报，30(15): 3974-3982.

秦仲，李湛东，成仿云，等，2016. 北京园林绿地 5 种植物群落夏季降温增湿作用 [J]. 林业科学，52(1): 37-47.

邱尔发，王成，贾宝全，等，2007. 国外城市林业发展现状及我国的发展趋势 [J]. 世界林业研究，20(3): 40-44.

任丽新，游荣高，吕位秀，等，1999. 城市大气气溶胶的物理化学特性及其对人体健康的影响 [J]. 气候与环境研究，4(1): 67-73.

任启文，王成，郄光发，2006. 城市绿地空气颗粒物污染及其与空气微生物的关系 [J]. 城市环境与城市生态，19(5): 22-25.

苏泳娴,黄光庆,陈修治,等,2010. 广州市城区公园对周边环境的降温效应[J]. 生态学报,30(18): 87-100.

孙淑萍,古润泽,张晶,2004. 北京城区不同绿化覆盖率和绿地类型与空气中可吸入颗粒物(PM10)[J]. 中国园林,20(3): 77-79.

孙亚杰,王清旭,陆兆华,2005. 城市化对北京市景观格局的影响[J]. 应用生态学报,16(7): 1366-1369.

王成,2002. 城镇不同类型绿地生态功能的对比分析[J]. 东北林业大学学报,30(3): 111-114.

王成,2003. 城市森林建设中的植源性污染[J]. 生态学杂志,22(3): 32-37.

王成,2003. 近自然的设计和管护:建设高效和谐的城市森林[J]. 中国城市林业,1(1): 44-47.

王成,2011. 国外城市森林建设经验与启示[J]. 中国城市林业,9(3): 68-71.

王成,2012. 北京平原区造林增绿的战略思考[J]. 中国城市林业,10(1): 7-11.

王成,2016. 关于中国森林城市群建设的探讨[J]. 中国城市林业,14(2): 1-6.

王成,2016. 中国城市生态环境共同体与城市森林建设策略[J]. 中国城市林业,14(1): 1-7.

王成,2017. 北京平原造林的成效与发展对策研究[J]. 中国城市林业,15(06): 6-11.

王成,蔡春菊,郄光发,2004. 城市绿化树木栽植与管理方式的几点反思[J]. 中国城市林业,2(1): 29-33.

王成,蔡春菊,陶康华,2004. 城市森林的概念、范围及其研究[J]. 世界林业研究,17(2): 23-27.

王成,彭镇华,2004. 关于城镇绿地增加生物多样性的思考[J]. 城市发展研究(3): 32-36.

王成,彭镇华,2009. 城市森林建设中需要处理好的九个关系[J]. 国土绿化(6): 12-13.

王成,郄光发,彭镇华,2005. 有机地表覆盖物在城市林业建设中的应用价值[J]. 应用生态学报,16(11): 2213-2217.

王成,郄光发,孙睿霖,等,2013. 北京平原绿化建设的差距、建设思路与战略布局[J]. 中国城市林业,11(6): 1-5.

王成,张昶,孙睿霖,等,2018. 京津冀地区城乡森林建设中的问题及应对策略[J]. 中国城市林业,16(5): 1-6.

王献溥,崔国发,2000. 城市绿化中的生物多样性保护问题[J]. 北京林业大学学报,22(4): 135-136.

王晓磊,王成,2014. 城市森林调控空气颗粒物功能研究进展[J]. 生态学报,34(8): 1910-1921.

邬建国,2000. 景观生态学:格局、过程、尺度与等级[M]. 北京:高等教育出版社: 96-107.

吴澜,吴泽民,2008. 欧洲城市森林及城市林业[J]. 中国城市林业,6(3): 74-77.

吴泽民,1989. 美国的城市林业[J]. 世界林业研究(3): 85-88.

吴泽民,高健,吴文友,2002. 城市森林及其结构研究[C]//城市森林生态研究进展. 北京:中国林业出版社.

肖建武,2011. 城市森林服务功能分析及价值研究[M]. 北京:经济科学出版社.

徐景先,李耀宁,张德山,2009. 空气花粉变化规律和预测预报研究进展[J]. 生态学报,29(7): 3854-3863.

杨复沫,贺克斌,马永亮,等,2002. 北京 PM2.5 浓度的变化特征及其与 PM10、TSP 的关系[J]. 中国环境科学,22 (6): 506-510.

杨士弘,1994. 城市绿化树木的降温增湿效应研究[J]. 地理研究,13(4):74-80.

杨颖,王成,郄光发,等,2008. 城市植源性污染及其对人的影响[J]. 林业科学,44(4): 151-155.

姚从容,陈魁,2007. 城市环境空气质量变化规律及污染特征分析[J]. 干旱区资源与环境,21(5): 50-52.

姚佳,贾宝全,王成,等,2015. 北京的北部城市森林树冠覆盖特征分析[J]. 东北林业大学学报,43(10): 46-50, 62.

姚娜,马履一,杨军,等,2015. 北京市平原地区 1992—2013 年生态空间演变[J]. 生态学杂志,34(5): 1427-1434.

叶世泰,张金谈,乔秉善,等,1998. 中国气传和致敏花粉[M]. 北京:科学出版社.

袁兴中,刘红,1994. 城市生态园林与生物多样性保护[J]. 生态学杂志,13(4): 71-74.

张昶,王成,2012. 生态文化建设的内容体系及其林业载体构建[J]. 中国城市林业,11(6): 5-9.

张昶,王成,2014. 论林业生态文化建设对生态文明社会构建的作用[J]. 林业经济,37(1): 22-25.

张昶,王成,2014. 我国城市生态文化建设总体规划的内容与方法[J]. 北京林业大学学报(社会科学版),13(1): 45-50.

张建国,2003. 城市森林的经营管理[J]. 中国城市林业,1 (2): 29-33.

张颖,2010. 中国城市森林环境效益评价[M]. 北京:中国林业出版社.

赵娟娟,欧阳志云,郑华,等,2010. 北京建成区外来植物的种类构成[J]. 生物多样性,18(1): 19-28.

赵艳,徐正春,温秀军,等,2013. 城市森林健康评价研究进展[J]. 林业资源管理(6): 43-47.

中国可持续发展林业战略研究项目组,2002. 中国可持续发展林业战略研究总论[M]. 北京:中国林业出版社.

周凯,叶有华,彭少麟,等,2006. 城市大气总悬浮颗粒物与城市热岛[J]. 生态环境,15(2): 381-385.

祝宁,2010. 城市森林的近自然林经营技术方案[J]. 东北林业大学学报,38(3): 108-110.

[美] 刘易斯·芒福德,2005. 城市发展史:起源、演变和前景[M]. 倪文彦,译. 北京:中国建筑工业出版社.

Bestard A B, Font A R, 2010. Estimating the Aggregate Value of Forest Recreation in a Regional Context[J]. Journal of Forest Economics, 16(3): 205-216.

Bolund P, Hunhammar S, 1999. Ecosystem services in urban areas[J]. Ecological Economics, 29(2): 293-301.

Cappiella K, Schueler T, Wright T, 2006. Urban Watershed Forestry Manual Part 2 Conserving and Planting Trees at Development Sites [R]. USDA Forest Service, Northeastern Area State and Private Forestry.

Carreiro M M, 2008. Using the Urban – Rural Gradient Approach to Determine the Effects of Land Use on Forest Remnants [M]. Springer New York.

Clark J R, Matheny N P, Cross G, et al., 1997. A model of urban forest sustainability[J]. Journal of Arboriculture.

Cook E A, 1991. Urban landscape networks: an ecological planning framework[J]. Landscape Research, 16(3): 7-15.

Cooper A, Murray R, 1992. A Structured Method of Landscape Assessment and Countryside Management[J]. Applied Geography, 12(4): 319-338.

Crane P, Kinzig A, 2005. Nature in the metropolis[J]. Science, 308(5726): 1225-1225.

Dwyer J F, McPherson E G, Schroeder H W, et al., 1992. Assessing the benefits and costs of the urban forest[J]. Journal of Arboriculture, 18(5): 227-234.

Dwyer M C, Miller R W, 1999. Using GIS to assess urban tree canopy benefits and surrounding greenspace distributions[J]. Journal of Arboriculture, 25(2): 102-106.

Fomran R T T, 1995. Land Mosaies—The ecology of land scape and regions [M]. New York: Cambridge University Perss.

Forman R T T, Gordron T M, 1986. Landcape ecology[M]. New York: John Wiley& Sons.

Francis J, Wood L J, Knuiman M, et al., 2012. Quality or quantity? Exploring the relationship between Public Open Space attributes and mental health on Perth, Western Australia[J]. Social Science & Medicine, (74): 1570-1577.

Fuller1 R A, Gaston K J, 2009. The scaling of green space coverage in European cities[J]. Biology Letters, 5(3): 352-355.

Georgi N J, Zafiriadis K, 2006. The Impact of Park Trees on Microclimate in Urban Areas[J]. Urban Ecosystems, 9(3): 195-209.

Gilbert O L, 1989. The Ecology of Urban Habitats [M]. London, UK: Chapman & Hall.

Irani F M, Galvin M F, 2002. Strategic Urban Forests Assessment [R]. Baltimore, MD: Maryland Department of Natural Resources.

Jim C Y, 1999. A planning strategy to augment the diversity and biomass of roadside trees in urban Hong Kong[J]. Landscape and Urban Planning, 44(1): 13-32.

Jones B, 1993. Current direction in cultural planning[J]. Landscapeand Urban Planning, (26): 89-97.

Kenney A D, van Wassenaer P J E, Satel A L, 2011. Criteria and indicators for strategic urban forest planning and management[J]. Arboriculture and Urban Forestry, 37(3): 108-117.

Kimmins J P, 1987. Forest Ecology[M]. New York: Macmillan Publishing Company.

Mazzotti F J, Morgenstern C S, 1997. A scientific framework for managing urban natural areas[J]. Landscape and Urban Planning, 38 (3/4): 171-181.

McHarg, Ian L, 1969. Design with nature [M]. Hoboken: J. Wiley & Sons.

Nowak D J, Dwyer J F, 2000. Understanding the benefits and costs of urban forest ecosystems [C] // Kuser J E. Handbook of Urban and Community Forestry in the Northeast. New York: Kluwer

Academic /Plenum Publishers: 11-25.

Pei N C, Wang C , Jin J L, et al., 2018. Long-term afforestation efforts increase bird species diversity in Beijing, China[J]. Urban Forestry & Urban Greening, 29(1): 88-95.

Rowantree R A,1984. Forest canopy cover and land use in four eastern United States cities[J]. Urban Ecology, 8(1/2) : 55-67.

Vadell E, de-Miguel S, Pemán J, 2016. Large-scale reforestation and afforestation policy in Spain: A historical review of its underlying ecological, socioeconomic and political dynamics[J]. Land Use Policy, (55): 37-48.

Wang S C, 1988 . An analysis of urban tree communities using Landsat thematic mapper data[J]. Landscape and Urban Planning , 15(1/2) : 11-22.

Yang X H, Jia Z Q, Ci L J, 2010. Assessing effects of afforestation projects in China[J]. Nature, 466(7304): 315.